U0278503

为什么你总是缺乏安全感？

〔美〕丹尼尔·A. 休斯（Daniel A. Hughes） 博士 / 著

克拉拉 / 译

华夏出版社
HUAXIA PUBLISHING HOUSE

谨以此书献给丹·西格尔及其在第七感研究中心的同事，感谢他们为促进健康关系所做的创意和所付出的各项努力。

目录

为什么你总是缺乏安全感

练习索引

目录

致谢

这些年来，我很幸运，与许多对我来说很特别的人有着许多美妙的关系。我必须从我的父母玛丽·科利尔和威廉·休斯说起，他们让我知道我是被爱着的，而且永远都是。在我身旁还有我的外祖母玛丽·米汉，她和我们住在一起，当我需要她的时候，她似乎总是有时间陪我；还必须包括我的六个兄弟姐妹，跟他们在一起，我学会了开心和生气、分享和独占、给予和接受。直到今天，我还在继续向他们学习。在我 17 岁的时候，爱德华·默里牧师出现在我的生命中，如果不是他，我不可能写出这本书。他是我从青春期走向成年过程中的导师和向导。

我不能只提到一个朋友而不提及很多其他好友，我们共度了许多欢乐或悲伤的时光：一起完成任务、玩乐和冒险、怀念过去、享受当下、畅想未来。最后，我还想到了我的孩子和孙子。我从他们身上所获丰富，至少和我曾给予他们的一样多，就像任何一个父亲和祖父一样。

我人生中所获得的成就并不属于我，它们只是我从生命中许多特别的人那里接收到的礼物而已。如果没有多年来从丹·西格尔和第七感研究中心那里获得的灵感，我不可能写出这本书。根据目前关于大脑运作的广泛研究，丹及其同事证明了我们大脑的功能在多大程度上取决于拥有健康的人际关系，而事实上，大脑是为了维持人际关系而设定的。第七感研究中心致力于传播有关人际关系与大脑之间这种共生关系的信息，并用以促进个人、团体、社区和国家之间的人际发展。

最后，我要感谢安德里亚·科斯特拉·道森，她负责我所有在诺顿出版社出版的书，是最有创意和耐心的编辑，还要感谢诺顿出版社其他优秀的专业人士，以及巴贝特·罗斯柴尔德。

人类是社会性动物。关系如丝如缕，既包围又贯穿于我们生活的每一面，密密缠绕在我们的一言一行中。它是我们之所需，因此人类总围抱成团，形成部落、团体、社区和国家。我们依恋于其他人类、动物，甚至是毛绒玩具。生活里，我们大多数人需要靠近别人，与他人形成关系。即使我们孤身一人时，也会找些什么来产生联结。

汤姆·汉克斯 2000 年的电影《荒岛余生》描绘的就是一个鲜明的例子。飞机失事后，汉克斯扮演的主角独自一人被困在一个荒无人烟的小岛上，连要找一只猴子或老鼠来养或寄托都难。无可奈何之下，他最终把和他一起漂流到沙滩上的排球当作依恋对象，他在球面上画了一张脸，并取名为"威尔逊"。在一个特别绝望而动人的场景中，汉克斯饰演的角色划着木筏逃离孤岛时失去了威尔逊，他为了救回它差点淹死，那时他绝望哭喊，正反映出与球之间的关系对他有多重要。

简而言之，我们需要别人。我们早就从本能和常识里知道了这一点，但现在神经科学研究证实了人类（和灵长类动物）需要关系。1990年代中期发现的镜像神经元至今仍宣告我们需要依恋关系。镜像神经元构成了同理心和洞察力的基础，使我们得以联结他人，辨识其行动并感受其情绪。此外，研究表明，在自闭症和阿斯伯格综合征等缺乏社交技巧与建立关系能力的疾病中，他们的镜像神经元系统无法正常运作。如果你一人独居，将自己活成一座孤岛，镜像神经元系统将毫无用处。它的存在本身就是人需要建立关系的神经学证据。

这本图书出版的主要目的，是在心理学主题上提供可访问的信息和实用工具，以改善人类的处境。丹·A.休斯是我心目中作者的不二之选，他是伦敦一所保护受虐待和被忽视儿童的机构家庭未来方面的培训师，碰巧我也定期至该机构担任讲师。数年来，我一直听到学员提起丹，他们运用他的理论与技术来协助儿童与家庭，大家对于其工作的实用性与丹本人都赞不绝口。令人惊喜的巧合是，我发现他早已是诺顿出版社的一位成功且备受尊敬的作家。瞧！作者、出版社和系列书，宛若天作之合！

20多年来，丹专注于帮助儿童、伴侣和家庭建立并维系安全关系。身为依恋关系治疗师、相关著作等身的作者，本质上，他可以说是一位人际关系方面的专家。

《为什么你总是缺乏安全感》源自依恋理论，从专业人士的观点来看，依恋关系是我们能否与他人联结的背后驱动力，在精炼为8项关键原则之后，经典变得浅显易懂、容易运用。本书结合临床智慧与发人深省的理论，转化为简单实用、具启发性的故事，以及建设性的练习。在读每一页时，读者可随着书的引导更好地了解自己和最亲近的人。通过这样的学习并运用这8把钥匙，你将建立起令人满意和长久的人际关系。

巴贝特·罗斯柴尔德
本书英文版编辑

引言

　　你是谁？这样一个重要的问题，是几个世纪以来，诗人、哲学家、官员和政治家都在问的问题。为什么这个问题会成为这本书（一本有关人际关系的书）之起点？人际关系的书不是应该把焦点放在建立人际关系的技巧上吗？不是应该把"什么是人际关系"作为本书的开始吗？

　　当你问"我是谁？"时，在某种程度上，你是在问你要找寻的是怎样的人际关系以及满意于怎样的关系。知道你自己是谁，便可以了解如何处理和维护你的人际关系。新的人际关系，将会受到你过去是谁的影响，反过来也会影响你将来成为谁。

　　关于人际关系的特征、发展和稳定性的最重要的理论之一，就是心理学家提出的依恋理论。依恋理论认为，婴儿会本能地求助于他们的照顾者，寻求**安全感**

（食物、温暖、受惊吓时得到保护）以及眼神接触、非语言沟通和触摸等互动。事实上，所有年龄层的人都会向他们的依恋对象（父母、伴侣、导师、最好的朋友）寻求安慰、支持和陪伴。我们从依恋对象身上所收到的回应（是始终如一的温暖和热情，还是不稳定和疏离），会决定我们的依恋关系是安全的还是不安全的。不安全的依恋关系有时会妨碍健康人际关系的建立。一个有安全依恋关系的成年人，能够独立并有自信去拥有健康的人际关系，并会拥有一个连贯的、组织良好的生命故事（专业人士称为"自传式叙事"）。你的生命故事——从摇篮到坟墓，随着时间推移的自我感——可以借由描述你的重要人际关系的本质而写成。

因此，如果你决定继续阅读这本书，你会更好地了解你是谁（希望如此），尤其是当涉及你的人际关系本质时。你会注意到自己的特质影响着人际关系的开始、发展和稳定，同时也会注意到你的人际关系影响着（或未能影响）你和你的发展。因为，如果人际关系是健康的，那么，它将为你的生活带来丰富多样的能量和智慧；否则，就会破坏你和你的个人成长。觉察你的人际关系如何影响你，反过来，你又如何影响你的人际关系，是建立更牢固、更充实和更持久的关系的关键。

所以，再问一遍，你是谁？这本书讲述了关于"你是谁"的许多特征：你的人际关系故事、你大脑的性质和功能、你的想法和感觉的特色、你如何用语言或非语言沟通、你的人际关系会出现什么问题及你该如何修正。最后，这本书将有助于你提升自己的幸福感，同时帮你找到你在人际关系中的安全感。

安全感
来自依恋关系

斯蒂芬妮发现她被乔纳森深深吸引，强烈到想要放弃目前自己很满意的工作，跟他搬到另一个城市去，因为乔纳森要工作调动。她很担心，因为她还不是很了解他。更让她担心的是，在过去的 8 年里，她曾两次在类似的情况下，为了和男人建立关系而严重扰乱了自己的生活，但两次都以失败告终。斯蒂芬妮知道，无论她如何告诉自己需要谨慎，她也仍很可能会重蹈覆辙，再次付出一切。她想要听从朋友的意见，她需要放慢脚步，但是她发现自己冲动地同意了乔纳森的建议，答应和他一起搬走，离开她非常满意的工作和社区。

为了更好地理解斯蒂芬妮的行为，了解一些依恋理论是有帮助的。

当你向伴侣寻求安慰或指导时，你会感到自在吗？当你遇到困难时，你会依靠最好的朋友来支持你吗？当

为什么你总是缺乏安全感

你和伴侣或朋友出现冲突时，你会如何处理？你如何修复你们的关系？这些问题触及了建立健康人际关系的核心，可以从依恋理论中找到答案。

这一切源于依恋理论

依恋理论于 1950 年左右在英国伦敦出现，作为理解婴儿与父母关系的核心特征的模型。这个概念是由英国精神病学家约翰·鲍比提出的。结合了玛丽·安斯沃思积极的共同研究，这一理论在美国迅速受到关注，并融入了强大的研究成分，在全球逐渐演变成一个主要的理论架构，用来解释人类于各个年龄阶段中，在关系的背景下如何成长和发展。依恋理论勾画出婴儿早期与父母亲的关系如何影响他未来所有的人际关系的核心特征。这一理论描述了这些关系的关键特征，而这些特征在许多文化和环境中都存在着。

依恋理论不仅可以帮助我们了解有意义的人际关系（健康和不太健康的），而且可以了解人在各种关系中的行为状态。鉴于我们的依恋历史，我们倾向于用一定模式的想法、情绪和行为来处理关系并与他人互动。我们的依恋模式影响着与他人交往的方式，同时也决定了我们在人际关系中的个人特质。

此外，依恋对象如何看待我们，会极大地影响我们的自我认知。跟与自己没有特殊依恋关系的他人相比，与自己有依恋关系的人对我们个人的影响较深远。

由此可见，在理解健康的人际关系时，依恋很重要。在本章中，我将概述依恋及其核心特征。这将有助于创建一个框架，用来探索本书其余七把开启健康人际关系的钥匙。当我描述健康关系的特征并概述实现它们的方法时，依恋理论的核心本质将会显而易见。

婴儿的依恋关系：从安全感到探索

依恋关系始于安全感。当婴儿处于困境中，安全感受到威胁时，父母可以满足他们的需求，无论是提供食物、温暖、安慰还是陪伴。婴儿的痛苦得到缓解，他们已准备好迎接一天中的下一刻。对于婴儿来说，依恋关系是生存所必需的，因为婴儿无法满足自己最基本的需求。婴儿需要他们的父母。

安全感

理智上，你当然知道你很小的时候需要父母，但你还记得你觉得需要他们的具体事例吗？你还记得你受伤或害怕的时候吗？是你去找你的父母，还是在你哭的时候他们来找你？最有可能的是，这两种情况都会发生：当你遇到困难时，你寻求他们的帮助，他们就来找你。但是，如果出于某种原因，当你需要他们帮助时，他们没有伸出援手，久而久之你可能会养成在困境中不寻求他人帮助的习惯。事实上，当正在接受医疗救治的住院婴儿体验到剧烈、持续的疼痛，而父母无法帮助减轻时，这些婴儿就有可能在未来遇到困难时降低向父母求助的意愿。

在各种各样的威胁下，当婴儿一次又一次地体验到父母会保护他们的安全时，他们开始在与父母的关系中越来越有安全感。他们期望父母会保护他们的安全，他们的父母也确实做到了。他们开始注意到，父母在许多方面与其他成年人不同，这主要涉及父母会持续不断地与婴儿接触，以及他们随时准备并能够保证孩子的安全。婴儿越来越意识到，他们的安全感与靠近父母并与其互动有关。婴儿会强烈地渴望与父母在一起，而不是与其他成年人。当其他成年人在场而父母不在时，他们可能会产生不同程度的焦虑。当和父母在一起时，他们感到安全。他们可以相信父母照顾他们需求的能力和动机。

你可能还记得，当你还是个孩子的时候，遇到陌生人会感到焦虑。如果你是一个害羞的孩子，你的焦虑可能会比一个自信的孩子更加强烈。如果你的父母敏锐地觉察到你的焦虑并做出回应，在支持你的同时帮助你一步步地管理你的焦虑，以便你在未来几年中更容易与其他成年人交往，那么你很可能会在与同龄人和陌生人的关系中发展出相当好的社交技巧。如果你经常与父母分离，或者他们没有支持你努力发展社交技巧，那么你很可能在新奇或刺激的社交场合中感到不安。

通过无数次与父母的互动，婴儿发现父母是他们生活中不可或缺的一部分。虽然父母可能会缺席一段时间，但婴儿可以指望他们会回来。这种关系的连续逐渐变得可预期，孩子很安全地知道虽然会暂时分离，但关系是持久的。幼儿本能地知道如何同时在安全保证与开始探索世界之间取得平衡。蹒跚学步的幼儿经常会爬离父母，但只要一有看似威胁的迹象或是对于和父母的距离感到不安时，他们就会迅速地爬回来。当孩子能够成功地在安全感和探索之间取得平衡时，他被认为与父母有安全的依恋关系。

探索

当婴儿和蹒跚学步的孩子感到安全，并且相信父母

为什么你总是缺乏安全感

在未来的困难面前可以帮助并愿意保护他们时，安全的依恋关系使他们能够将充沛的精力集中在探索世界上。当婴儿有安全感时，他们就能够寻求了解世界。伴随着安全感而来的是无穷无尽的好奇心，这正是幼儿开放和投入的心理特征。这种探索的动力对孩子的心理、生理、神经、情感和行为发展至关重要。因此，安全的依恋关系是儿童全面发展的基础，远远超出了依恋的特征。

婴儿最有兴趣探索什么？莫扎特、手机、《芝麻街》？并非如此。婴幼儿最感兴趣的是探索父母的经验世界。他们对父母着迷的东西着迷，而父母对他们的孩子也很着迷！当父母与孩子相处，体验并表达出快乐、喜悦、爱和有趣时，孩子反过来也会意识到自己是快乐的、讨人喜欢的、可爱的和有趣的。除此之外，孩子对自己世界中的事物所赋予的意义，也是他们父母所赋予的那些。

那是我在澳大利亚的第一个晚上，由于时差的关系，我无法入睡。这时，我注意到天花板上有两个移动的影子。我打开灯，看到两只巨大的蜘蛛。我整晚盯着它们，几乎没睡。第二天，我在给朋友们讲述我的经历时，才知道闯入者被称为猎人蜘蛛。当我在讲述这个恐怖故事时，我注意到朋友的两个儿子（分别是 8 岁和 5 岁）也在认真地听。那个 8 岁的孩子对我的恐惧感到疑惑，问："只是猎人蜘蛛吗？""只是猎人蜘蛛！"
我喊道。那个 5 岁的弟弟根本不明白我在烦恼什么。当
他哥哥向他解释说我害怕"猎人蜘蛛"时，他笑得前仰
后合。这些小男孩是从哪里来的勇气？

实际上，这与勇气无关。这些孩子只不过知道，在
他们父母（多数澳大利亚大人）的世界里，他们通常所
说的"猎人"并不可怕，也许他们看待它们就好像我们
看待仓鼠一样。我想说的是，父母通过我们和他们的成
千上万次互动来影响我们看待世界的方式，其中大多数
都不是"指导性的"。父母对我们在这个世界中如何去
感知、思考和行动，尤其是在处理人际关系方面，有重
大影响。

当婴儿安全地依恋父母时，他们从父母身上学习如
何看待自己和世界，这种学习要比没有安全的依恋关系
的孩子全面、复杂和有组织得多。在不安全的依恋关系
中，婴儿的能力将围绕着试图获得安全感而展开。缺乏
安全感的婴儿不太可能注意到与安全感无关的事情。不
具备安全感的关系缺少了安全的依恋关系中共享经验的
广度和深度。一般而言，在不安全的依恋关系中，孩子
往往从父母那里学到的东西很少；同时，他们对自己和
世界的了解也少得多。

如果将婴儿依恋关系的概念应用于成年人领域，我

　　　　　　　　　为什么你总是缺乏安全感

们可知，当人在一段关系中感到安全时，即使面对其他问题，这种安全感也会持续存在。当遇到困难时，我们能够求助于对方；当和对方在一起时，我们更愿意学习各种各样的事物。当我们与有安全依恋关系的人一起旅行时，与单独旅行相比，我们也往往会更放松、更享受旅行、更愿意从新体验中去学习。

与他人有意义地联结

在婴儿与父母形成依恋关系的同时，他们也正在发展如何与他人有意义地联结的蓝图。该蓝图可作为以下方面的指南：

- 我们如何与家人或亲密朋友沟通，以及我们的看法、期望和相处方式。依恋理论的研究人员称之为内在运作模式，用于说明人际关系是如何运作的、可以从中期待什么，以及在我们的生活中赋予其什么角色。
- 我们对他人的依赖程度，以及在哪些领域我们确实依赖着他们。
- 情感在我们关系中的作用：我们有多直接、多善

于表达，有多容易面对脆弱，以及我们在多大程
度上依赖情感来确定特定关系的性质和重要性。

- 当我们处于困境时，有多容易相信另一个人会帮
  助我们，尽管这其中会存在分歧或冲突，但他仍
  然对我们保持忠诚。

我们与他人相处的蓝图并不是僵化的、不可改变
的。这种模式影响着我们对安全需求的满足，以及我们
对世界的了解。

找到你的依恋类型和模式

依恋理论的研究人员已经确定，人们倾向于三种主
要的联结模式，且第四种模式与前三种重叠。如下表所
示，研究人员对儿童和成年人的每一种模式都已经分别
命名。例如，一个表现出矛盾型依恋模式的孩子，在成
年后，会表现出焦虑型依恋模式（假设此人的依恋类型
和模式在此期间没有因重要的生活经历和新关系而改变）。

找到我们在关系中的依恋类型和模式，可以帮助我
们了解自己的偏好、情绪、行为习惯，以及在关系中将
迎接的挑战。如前所述，这些模式并不是一成不变的。
它们虽然比较稳定，但如果我们努力通过反思、在现有

或新关系中探索不同的相处方式来实现变化，则可以对其进行修改。让我们仔细看看成年人的这四种依恋类型。在本章的后面，你将有机会弄清楚自己属于哪种类型和模式。

依恋类型

儿童	成年人
安全型	自主型
逃避型	抗拒型
矛盾型	焦虑型
紊乱型	未解决型

成年人的依恋类型及特征

成年人的依恋有四种类型，是根据人在关系中特定的互动方式来区分的。这些方式相对比较稳定，可作为发展和维持我们重要关系的心理、情绪和行为模板。下面概述了每一类型的特点和具体行为模式。

自主型依恋

- 你能够在自力更生和依赖于你所依恋的人之间保

持平衡。

- 根据具体情况，你可以选择独自处理，也可以找朋友或伴侣帮忙。

- 你能够在保持自主性的同时，成功地与朋友或伴侣保持的关系。

抗拒型依恋

- 你倾向于低估依恋关系在生活中的重要性，而专注于保护你的独立性和对生活的个人控制权。

- 你往往不太看重你的依恋关系，而是更重视你的个人成就和利益。

- 在做出人生选择和处理压力时，你可能会淡化情感，而强调自己的思考和推理能力。

焦虑型依恋

- 你倾向于过分强调人际关系在生活中的重要性，而忽视了独立的重要性。

- 你倾向于在亲密关系中寻求安全感和幸福感，但由于你的自主意识没有得到很好的发展，你在这些关系中往往会感到不安全和不快乐。

- 你倾向于沉湎于过去的关系，却无法减少它们对

为什么你总是缺乏安全感

你现在关系的影响。

- 在做出人生选择和处理压力时，你可能会强调情感的重要性，而弱化理性。

未解决型依恋

未解决型依恋是上述任一模式的分支。在你当前的依恋关系中，当某一事件让你回想起过去类似关系中压力很大的事件时，就会出现未解决型依恋模式。这种与过去关系的关联，会使你当前的关系产生混乱和失调。这种未解决型依恋可能会很少或频繁出现在你当前的一个或多个关系中。例如，一位先生可能对他的太太表现出自主型（或抗拒型、焦虑型）依恋模式，但有一天，当他未能实现对太太的承诺，而太太很生气地回应时，他可能会感觉太太与他妈妈很相似，他曾经对妈妈撒谎，妈妈勃然大怒，吓得他跑回自己的房间。这可能会产生——至少是暂时产生——强烈的被抛弃的恐惧感和羞耻感，这使他很难感到安全，且不愿修复他们之间的关系。

在你的重要关系中，如果你注意到自己会周期性地出现急性的、具有破坏性的和紊乱的行为，那么这些事件可能代表着你属于未解决型依恋的类型。除非你能够解决之前的依恋模式，否则这些压力事件和行为可能会继续卷土重来。这种解决方法，可能通过在个人或专业关系中反思或寻求咨询来实现。

依恋类型和模式在关系中的重要性

这些依恋类型表明，健康的人际关系往往会在联结与自主、亲密与独立之间保持卓有成效的平衡。当我们能在独处和自主活动中获得满足和快乐时，更有可能在健康的关系中获得深刻的意义和满足。

大背景

虽然本书中提出拥有良好和健康关系的主要基础是依恋理论，但我们必须记住，在关系发展中，在家庭和社区中所呈现的性别角色、宗教和文化问题对塑造关系也很重要，对于男孩和女孩应该如何分别发展、如何交往的普遍期望，肯定会影响他们终其一生的关系。如果男孩从小就被教育做家务是女人的事，而女孩则被教育男人和女人都应该以公平的方式分担家务，那么若长大后这两个人建立了关系，肯定会发生冲突。这样养大的男孩很可能会相信，作为一名男性，他的女性伴侣希望他参与家务，是不爱他或不公平的；对于女孩来说也是如此，当她和不分担家务的男性伴侣在一起时，也会感到不舒适。

当考虑到对女孩和男孩发展的不同期望时，我们就不应该对以下现象感到惊讶：女孩强调关系和情感，更有可能发展出焦虑型依恋模式；而男孩强调独立和认知，更可能发展出抗拒型依恋模式。如果男孩和女孩都想发展一种自主型依恋模式，那么他们需要在建立亲密关系的同时保持他们自己的独立性。

有许多不同于性别期待的例子，这里举出一些比较明显的，包括做决定、采取主动、育儿、分享情感，以及对关系的责任等。意识到这些议题、开诚布公地讨论它们，并探索解决任何显著差异的方法，对于维系健康的关系至关重要。

◦⸺⸺⸺ **案　例** ⸺⸺⸺◦

在下面的段落中，我提供了对照场景，讲述了一个叫梅兰妮的女孩的故事。设置这些场景的目的是展示依恋关系是如何对我们的生活产生重大影响的，这些影响并非一成不变，它可通过其他依恋关系产生改变。虽然我们对父母的依恋极大地影响了我们的成长，但他们并不是唯一的影响，这些影响也并非不可逆转。

场景 1

梅兰妮从出生那天起就受到她的父母贝丝和布鲁斯的爱护。虽然他们希望过她能晚几年来，等到他们的事业和家庭都更加安定之后，但当她来的时候，他们依然欣喜地拥抱着她。他们热烈地爱着她，喜欢她的表现力，对于满足她无休止的拥抱乐此不疲。他们睡眠不多，放松和找趣事做的安静周末早已一去不复返了，但他们找到了做父母所需的能量，找到了和女儿在一起的新的快乐来源。

随着时间的推移，事业和家庭的压力、不断为金钱担忧的压力，以及在三次不满意的尝试后仍旧无法为梅兰妮找到合适的日托机构的沮丧，让整个家庭都感到有点紧张。梅兰妮哭得越来越厉害，布鲁斯和贝丝也开始找理由让对方照看她。他们仍然陪她一起玩，喜欢她的笑声和好奇心，但他们的兴趣更迅速、更频繁地转移到其他事情上。尽管他们还没有意识到，但梅兰妮已经不再是一种欢乐的源泉，而更多地成了一种责任。是的，她对他们来说很重要，他们也很爱她，尽管如此，但她仍然是一种负担。而梅兰妮哭得更厉害了，想让他们多

为什么你总是缺乏安全感

抱抱她。她希望他们保持着在她生命最初几个月时的样子。相反，她的父母开始想要逃回她出生前的生活。

梅兰妮在幼儿期所经历的一切都不能被视为被虐待或被忽略，她得到了父母的喜爱。她缺失的是更微妙的东西。虽然孩子既是父母的快乐源泉又是他们的责任，但几个月过去了，梅兰妮常常只是一种责任，而很少再是快乐的源泉。她渴望更多的亲密感情，那是她有时能体验到的。在努力与父母建立更亲密关系的过程中，她没有投入足够的精力来发展自己独立的思想和能力。孩提时，她表现出矛盾型依恋模式，这导致了她步入成年后，呈现出焦虑型依恋模式。

贝丝和布鲁斯在截然不同的家庭中长大。贝丝在五个孩子中排行第三。她的父母虽然都在努力养家糊口，但最终却彼此怨恨、争吵不休，各自在家庭之外找到了乐趣。贝丝不记得和妈妈在一起有过什么愉快的活动，跟姐姐倒是有，但妈妈总是在家里工作或去兼职，并没有时间去满足每个孩子的愿望。她的爸爸除了提供基本生活所需之外，并没有尽到做父亲的责任。贝丝的家里充斥着很多负面情绪，往往是紧张和愤怒的。贝丝经常"碍手碍脚"，她频繁的要求和对家庭生活的不满似乎激怒了她的兄弟姐妹和父母。可以说贝丝是从曾经的矛盾型依恋的儿童，后来成长为焦虑型依恋的大人。相比之下，布鲁斯是两个孩子中的老大。他的父母都是成就卓著的人，他们为自己的成就和两个孩子未来的潜在成就都投入了大量精力。家人之间的娱乐时间很少，这被视为"浪费时间"，因为布鲁斯的父母不想错过任何晋升的机会。尽管父母总是陪伴他，认真地引导着孩子的发展，但家里很少有情感表达。布鲁斯可以说是从曾经的逃避型依恋的儿童，后来成长为抗拒型依恋的大人。

虽然布鲁斯和贝丝决心要过一种不同于自己原生家庭的生活，但他们发现这比他们预期的更难实现。当他们专注于每天的生活责任时，他们与活泼婴儿互动的热情逐渐减退了。贝丝发现自己在家中承担了大部分育儿责任，尽管她和布鲁斯都在外工作。她对布鲁斯越来越不耐烦了。当梅兰妮对她做出有趣的反应并咯咯笑时，贝丝很喜欢照看她，但是当孩子脾气暴躁、要求苛刻时，她发现照顾孩子真是困难重重。有时贝丝觉得梅兰妮在拒绝她，于是她就用严厉批评的口吻来对待孩子。布鲁斯也很喜欢陪梅兰妮玩和照顾她，但时间都很短暂。他习惯于从来自妻子或女儿的情绪压力以及她们对长期互动的期待中抽身而退。

随着梅兰妮的成长，她越来越少向父母透露她的情绪状态——她的快乐、兴趣、悲伤和害怕。这并不是说她满足于独自一人。事实上，她经常想和父母在一起，

为什么你总是缺乏安全感

而不是独自玩耍。她与妈妈的关系要比与爸爸的好得多，但当母女俩互动时，似乎经常以两人的不欢而散而告终。对于爸爸，梅兰妮并没有尝试过多的接触。当他们一起活动时，爸爸似乎没有那么感兴趣，而她也很快失去兴趣，因为活动似乎失去了能量和乐趣。当她的父母将她引向同龄人时，她去了，起初很不情愿，但后来很乐意。她的同龄人似乎比自己的父母对她回应得更多，直到他们失去兴趣、因某些原因拒绝她的聚会邀请，或者她对他们不满意。因此，她就去找其他朋友，通常也都能成功找到。

随着岁月的流逝，梅兰妮似乎有点习惯性的不开心，没有什么特别的，只是有点不开心。她在学校里一贯表现出色，在大学里很受欢迎、很成功；发展了令人满意的事业，在她居住的地区开了家小公司。她在工作中很受欢迎，也结交了朋友，通常她会享受这些友谊一阵子。她想要从这些关系和她的活动中得到更多，但她从来都不知道这个更多是什么。她经常与朋友和潜在的合作伙伴建立关系，但似乎都没有持续多久。有时她感觉到自己在关系中可能过于"苛求"，对他人过于挑剔，但她往往不会反省自己在关系中扮演的失败角色，这使她感到很灰心，也有点羞愧。她知道她的父母爱她，她也爱他们，但她似乎并没有那么享受和他们在一起的时光。她和妈妈经常为很多事情争吵，而她和爸爸几乎无话可说。她经常意识到自己在父母身上找碴，但又没想那么多，因为她觉得有这样的想法意味着她是个忘恩负义的人。

快到 30 岁的时候，梅兰妮嫁给了沉默寡言的阿伦，他似乎很喜欢她的活力和对亲密的渴望。她喜欢阿伦接受她本来的样子，而且当她特意花更多的时间和他在一起时，他没有抽离。她一生所想要的，也是他想要的，也许事后看来想要的"太多了"。他本来也想要这样的关系，但从来没有信心开始。几年之内，他们有了两个可爱的小孩，一儿一女。他们热烈地爱着两个小孩，从中获得了极大的快乐。但不可避免的是，伴随着承担众多义务的压力和紧张感，责任也越来越重了。阿伦变得孤僻和喜怒无常，而梅兰妮变得紧张和不开心。她经常带着越来越多的愤怒和批评，努力让阿伦与她和孩子们重新接触。阿伦开始让她想起她的父亲（这并不奇怪，因为阿伦表现出抗拒型依恋模式）。随着孩子们对梅兰妮的要求似乎一天比一天多，她开始感到自己透不过气来。有些事情不对劲，但她尽量不去想，因为这样的想法让她感到绝望。然而，也有些事情很熟悉，尽管她也尽量不去想。不知何故，她感觉到，让自己的想法朝那个方向发展可能会破坏她生活中的核心意义。

为什么你总是缺乏安全感

梅兰妮的故事对我们来说很熟悉：我们童年的关系模式经常回归，并在我们成年生活的关系模式中表现得很明显。或者，如果这些模式没有返回，它们的镜像也会出现。这些早期的与伴侣和亲子关系有关的家庭模式，往往会影响我们新家庭中的模式发展。我们在许多关系中也能感受到它们的存在：与朋友、同事、邻居和熟人的关系，甚至是短暂的功能关系中，如别人为我们提供服务或我们服务他人时。

现在让我们重新回顾一下梅兰妮和她父母的故事，设想另外两种场景，如果她小时候的依恋关系发生了一些变化，她的生活和依恋模式可能会如何不同的演变。

场景 2

贝丝和布鲁斯对他们可爱的女儿充满了热情和喜悦。然而，随着他们的生活承担了越来越多的责任，包括照顾梅兰妮，他们越来越少体验到为人父母的快乐，还发现除了满足她的基本需求外，他们总是回避花时间与她相处。一天晚上，在与布鲁斯就谁在周六下午"随叫随到"地照看梅兰妮一事发生争吵后，贝丝哭着跟丈夫说，她觉得他们和梅兰妮的关系正在失去一些特别的东西。她痛苦地回忆说，她注意到自己对女儿说话和反应的方式，就像她父母当年对待她的一样。布鲁斯也开始回忆起他小的时候，父母是如何逃避照顾他的日常生活的，他意识到他正在用同样的态度对待梅兰妮。在接下来的几周里，他们谈论了很多，并彼此承诺，在与女儿的关系上发展新的模式，不同于父母与他们的关系。

几个月来，贝丝和布鲁斯相互支持，努力改变与女儿相处的方式。他们想要成为更好的父母，并通过相互支持，贝丝改变了她的焦虑型模式，而布鲁斯改变了他的抗拒型模式。他们彼此都变得更加自主地依恋着对方，并且极大地帮助了彼此，以令大家都满意的方式与梅兰妮保持接触。布鲁斯常常督促自己主动与梅兰妮一起活动，或者对于她所发起的活动，即使自己不太喜欢，也会做出回应。他努力说服自己，陪女儿一起玩对她和自己都有好处。贝丝则督促自己去体验那些在女儿身上和她们的关系中积极的事情。她更容易放下小挫折，培养更多的耐心，也不那么反复无常了。渐渐地，贝丝和布鲁斯开始注意到，当他们与梅兰妮互动时，随着时间的推移，他们往往会更加享受这些互动，这种愉快也出现得越来越频繁。有一天，他们带着深深的惊奇和喜悦大笑起来，他们意识到他们现在经常是在争夺女儿的注意力，而不是争着躲避她的注意力。随着梅兰妮的成长，她与同龄人的关系通常是有意义的、成功的和

为什么你总是缺乏安全感

愉快的。最终，她选择了一个同样是自主型依恋的伴侣，他们能够以一种类似于贝丝和布鲁斯抚养她的方式来养育自己的孩子。

场景3

在抚养梅兰妮的过程中，贝丝和布鲁斯重复了他们父母采用的模式，其中包含许多冲突和逃避模式，和他们被抚养长大的情况类似。梅兰妮在与同龄人的关系中往往不快乐、爱挑剔，而且这些关系往往是短暂的。

12岁时，梅兰妮碰巧与住在几条街外的同龄女孩简成了朋友。她见到了简的家人，并被邀请参加一些她们家庭的活动和聚餐。交往几个月后，她和简因为简某个周末不能和梅兰妮聚在一起而吵了一架。梅兰妮指责她的朋友小气又自私。她离开了，以为不可能再见到简了。然而，接下来的一周，简打电话给梅兰妮，邀请她一起去看电影。几周后，梅兰妮在她们家戏弄简的弟弟，简的妈妈为此批评了她。很快，梅兰妮就离开了，想到以后都不会被邀请回来了，她感到很难过。但事实上，一次又一次，尽管她与简或简的兄弟姐妹或父母发生冲突，她还是被邀请回来了，而且这种冲突也越来越少。

梅兰妮正在向简和她的家人学习一种新的依恋关系

模式。简很可能表现的是安全型依恋模式，而她的父母很可能表现的是自主型依恋模式。在接下来的几年里，梅兰妮注意到，她与同龄人的关系持续时间更长，冲突也更少。她同时注意到，差异并不会导致愤怒，而愤怒也不会导致关系破裂。她还注意到，她与老师的关系变得令人满意。成为大人后，她最终选择了一位自主型依恋的伴侣，他们能够一起以一种类似于她从简及其家人，以及随后的青春期里那些有意义的关系中学到的模式来抚养孩子。

梅兰妮的人生发展所呈现的三种场景当然不是那么明确。在第一个场景中出现的失败，当然也有其成功的地方；而在后两个场景中，她的依恋模式成功改变了，虽然结果已颇令人满意，但肯定也包含着压力、错误和挫折。无论如何，前面提及的每一种依恋模式都是真实的，是理解我们生命故事中相对优点、弱点、满足感和烦恼的重要原则。

是的，依恋关系真的很重要。我们最初的依恋模式是我们生活的蓝图，我们倾向于在与当前依恋对象的朝夕相处中以及不太重要的关系中自然地表达它们。模式可以改变、调整，变得更加灵活和全面；但是，这并不是我们吃一颗药、读一本书或者进入一段新关系就可以

　　　　　　为什么你总是缺乏安全感

神奇般实现的。为了让这些模式朝着提供更多积极意义和满足感的方向改变和发展，我们需要认识我们的模式，反思它们，并修改在关系中个人的习惯以及与他人互动的方式。这本书可以作为这一富有挑战性和丰厚回报的练习指南。

练习一·找到你的依恋类型和模式

现在，你知道了现有的四种依恋类型和模式，想一想哪种最能描述你的行为。记住，你可能会表现出多种模式的特征。

1. 自主型依恋

- 你对独自处理问题和依赖他人来处理问题，都感到自在吗？
- 你是否认为你自己的兴趣和愿望与伴侣的同样重要，并乐意为两者都腾出时间？
- 你是否重视你的情感体验和反思性洞察？

2. 抗拒型依恋

- 你是否过于关注自己的兴趣和独立性，而不太重视人际关系？
- 当你规划未来时，你想到更多的是你的个人发展而不是人际关系的经营吗？
- 在生活中，你是否采取高度理性的方式来做决定，而对自己的情感体验却不太重视？

为什么你总是缺乏安全感

3. 焦虑型依恋

- 你是否更关注人际关系而不是个人的兴趣和追求?

- 你是否非常担心你的人际关系,并且经常发现它们不如你希望的那么令人满意?

- 你的思绪是否经常徘徊在过去的关系问题上,甚至可以追溯到童年时期?

- 你是否发现自己采取的行动更多的是受情绪驱动,而从不思考什么才是最好的解决方法?

4. 未解决型依恋

- 你是否发现在你的重要关系中,曾发生的某些事件是极其难以处理的?

- 过去关系中发生的事是否会侵扰你目前关系中的体验?

- 在与伴侣相处的特定情况中,你是否很难调节自己的思维、情绪和行为?

如果你认为你有**抗拒型依恋**的特征(你倾向于淡化人际关系和情感在生活中的重要性,不重视思考或谈论它们,并在有压力时贬抑依赖他人的需要),问问自己,并回答以下几个问题:

- 你认为继续保持这种模式有什么好处？（如果你要改变这种模式而采用更自主的模式，你不想放弃的是什么？）
- 你认为保持这种模式有什么缺点？（如果你要改变这种模式而采用更自主的模式，你想实现什么？）
- 对于做出这些改变以实现更自主的模式，你有什么初步想法？（在阅读本书的过程中，请重新审视这个问题。）

如果你认为自己具有**焦虑型依恋**模式的特征（在你的生活中，你倾向于淡化独立和反思的重要性，往往很难摆脱来自过去和现在关系的压力，而在压力时期，你又不够关注自力更生），问问自己，并回答以下几个问题：

- 你认为继续保持这种模式有什么好处？（如果你要改变这种模式而采用更自主的模式，你不想放弃的是什么？）
- 你认为保持这种模式有什么缺点？（如果你要改变这种模式而采用更自主的模式，你想实现什么？）
- 对于做出这些改变以实现更自主的模式，你有什么初步想法？（在阅读本书的过程中，重新审视这个问题。）

如果你认为自己有**未解决型依恋**模式的特征，且经常出现在你人际关系中的重要时刻，使你感到很难成功地依靠自己或他人（也就是说，过去的压力事件持续对你现在产生不利影响），那么问问自己，并回答以下几个问题：

- 你认为过去哪些事件对你当前的关系产生了负面影响？
- 它对你目前的关系有何影响？
- 对于如何做出改变才能缓解过去关系的压力，使其几乎不影响你现在的关系，你有什么初步想法？（在阅读本书的过程中，重新审视这个问题。）

回顾你的过去,
并愿意重写它

一本关于建立健康人际关系的书，居然花一个主要章节专注于你的生命故事？你可能会想，对于本书要解决的主要问题而言，这是否过于内省。你可能还认为，你人生中的故事、你的个人历史，它们早已发生，覆水难收，多思无益。也许你只想着眼于明天，专注于可能用于发展新关系或改善当前关系质量的策略。然而，在你认为后面的章节比这章更实用，想要跳过本章之前，不妨看看作者的解释，为什么要写这一章。

　　首先，过去发生的事件对你的关系模式有重大影响，如果你想以任何方式改变这些模式，了解这些过去的事件对你在人际关系中的感知、愿望和行为有什么样的影响是很有帮助的。其次，虽然过去发生的事无法改变，但可以围绕它们构建新的意义，如果这些意义发生变化，那么完全有理由相信，该事件对当前关系的影响

　　　　　　　　　　　　为什么你总是缺乏安全感

是可以改变的。所以，请和我一起回顾一下你的过去，看看你对当前关系和所期待的未来关系的看法是否有所改变。

你的生命故事

如果不提及你的背景和生活经历（包括你童年、青春期和青年时期的人际关系），就很难向他人描述你是谁，人际关系对于你成为今天的你有着重要的影响。在你的故事的叙述中，你的自我感、你的身份可能就是此时此刻你自己的写照。你的人生故事，尤其是涉及人际关系的社会和情感世界的方面，是决定你成为什么样的人的核心因素，在很大程度上决定了你人际关系的本质。

你是谁，是你与众不同的个人因素综合的结果：你的原生家庭、你居住的社区、你的文化、你的宗教信仰、你的国籍和居住地，这就是你的个人自传。这并不是说你的气质、基因和其他内在因素不重要。相反，我们关注的是你过去的人际关系的独特模式如何对你目前的人际关系产生重大影响。我们的镜头将特别聚焦在你的家庭关系上，关注你与朋友的关系，以及文化、宗教信仰、性别角色、习俗和期望是如何影响你的人际关系的。

在探索你的生命故事时，我相信你不会惊讶于其中心焦点将是你和父母的关系。亲子关系是你人际关系的原始蓝图，它们发挥其内在的特征、功能、界限和在你生活中的角色，用以指引你的个人发展和人际关系。你或许可以理解你与父母的关系影响着你与孩子的相处模式，但对于它是否会影响你与伴侣或亲密朋友之间的关系却不那么确定。你与父母的关系在很多方面影响了你所有重要关系的本质。在建立这些联系之前，让我们首先来探索亲子关系中的核心特征，并深入研究你的这个关系的独特版本。

下面讨论的 10 个主题，为你的依恋关系历史中的重要特征提供了一个框架，重点是你与父母的关系。每一主题的开头都给出了与该主题相关的问题。当你读到每一主题的时候，请写下你对这些问题的回应，在你读完本书之后，再次回顾你的回应，这或许会对你很有帮助。

在回应过程中，你可能会体验到与过去各种事件相关的情绪。这些情绪（例如悲伤、恐惧、喜悦、兴高采烈、生气、快乐、羞耻感）是一道桥梁，用来联结这些事件的意义，它们影响着你将成为谁，并去向哪里。

为什么你总是缺乏安全感

主题一：分享积极情绪

你和你的家人是否公开地用拥抱、亲吻，使用语言和昵称来表达爱和感情？你是否与家人分享了你的快乐和成就，而这些是否得到了喜悦和肯定的回应？

你可能希望你的人际关系成为你生活中快乐与喜悦的主要来源。如果在你的童年时期，你与父母的互动中有持续公开的情感表达和互动快乐，那么这就比较有可能。当父母自由地给予爱并接受孩子时，孩子会积极地寻找并参与这样的互动。如果缺乏积极情绪的公开表达，尽管你可能知道父母是爱你的，但你体验到的他们的爱将仍然不那么深刻。你意识到他们的爱只是在你的头脑里，而不是在你的心里。

如果在你童年的家中，积极情绪的表达并不常见，那么在你和朋友或伴侣的关系中，你可能会对这种表达感到不舒服。你与伴侣表达情感的方式和对这种表达的舒适程度的差异，可能会成为你们共同情感生活中失望或沮丧的根源。这里没有对错之分。意识到这些表达对你和你的伴侣有多么重要，并愿意坦诚讨论情感表达方式上的任何差异，以及这些差异对你们每个人意味着什么，这就是你们健康伴侣关系的重要组成部分。

主题二：分享脆弱情绪

你和家人是否愿意互相倾诉所经历的恐惧、失望、失败和不快乐？哭着寻求安慰是可以的吗？当你分享你的痛苦时，你得到的主要是情感上的支持还是实用建议？

如果你能够向父母透露你的脆弱情绪，并得到他们的安慰和支持，我们可以认为你对他们有安全的依恋。当你情绪低落时，你向他们寻求安慰和支持的自由让你感受到他们的爱，这有助于你更好地处理痛苦的情况，甚至在处理其他压力时变得更有弹性。接受他们的安慰和支持会培养你处理情绪的能力，你可以用它来处理各种负面情绪。这让你在面对失望和失败时能保持自身的价值感。你不必完美，或否认错误。在处理这些困难时，如果你能够从父母那里寻求和获得支持，你会更容易从磨难和失败中学习。

如果你在童年的脆弱时期确实得到了父母的安慰和支持，那么你在与伴侣或好朋友的关系中给予和接受这种支持时，将会更加自在。你就不太可能陷入必须要独自应对压力的孤单感中。如果你的朋友或伴侣向你寻求安慰，你会很自在地帮助他们；除此之外，你也会很高兴别人把你当作情绪同理上的依靠。如果在孩提时代，你被引导着认为寻求安慰是软弱或依赖的标志（好像在

为什么你总是缺乏安全感

童年或人生的任何阶段，依赖都是一种错误），你可能会把伴侣或朋友寻求安慰的呼吁视为软弱和依赖的证据。这可能会导致你被朋友或伴侣希望你安慰的愿望（即需求）所困，因而想退出这段关系。

主题三：表达生气

在你的家中，无论是在普通气氛中还是在冲突状态下，是否有表达生气的空间？你有没有办法向父母表达你生气的情绪？或者是不是所有生气的表达都被认为是不尊重的？你的父母在管教你时，通常会生气吗？你的父母经常生彼此的气吗？如果是的话，是如何表达的？最后都是以争吵结束的吗？如果他们很少或从未对对方表达过生气，你认为这对他们的关系有何影响？

许多父母要求甚至期望孩子对他们坦诚相待，但不允许孩子对他们表达生气的情绪。在一些家庭中，表达生气甚至承认生气，都被视为不尊重的表现，会引发严厉的口头批评或更严重的后果。当暴露在这样的环境中时，很多孩子会很难识别、调节和表达对父母和他人的生气情绪。当他们对同龄人生气时，他们通常会以一种激烈的、失控的或咄咄逼人的方式来表达。在亲子关系中，如果没有生气的空间，冲突往往无法妥善处理：要么逃避，要么表达不当，得不到令人满意的解决结果，从而导致一段时间的疏远或愠怒。生气与羞耻感常常被联系在一起，而生气的原因，通常是有悲伤、恐惧或担忧等脆弱情绪，却并没有被理解、表达和解决。

如果你的父母也难以控制和表达对彼此的生气情绪，从而导致最后以冲突的方式解决，那么你也不会学到一个成年人管理周期性压力的经验，那是在任何亲密关系中都会发生的状况。

如果生气没有出现在你的家庭生活中，那么很有可能你就没有以不攻击他人的方式向你的同龄人或兄弟姐妹表达生气的经验。你很难在人际关系中谈论你想要解决的挑战。生气可能变成一种伤害朋友的方式，它受到个人受伤的体验、回应对方的行为以及你对于你们之间关系的看法的影响。如果你倾向于习惯性地避免生气，那么你也可能倾向于抗拒型依恋模式。如果你总是对朋友生气，你很可能倾向于焦虑型依恋模式。相反，如果你的生气是你在关系中遇到问题的信号，那么它可能会帮助你理解问题，传达引发生气的脆弱想法和感受，并从朋友那里寻求澄清和解决所感知的问题的方法。如果你想拥有自主型依恋模式，生气的这种情绪角色会对你很有帮助。

　　　　　　　为什么你总是缺乏安全感

主题四：解决冲突

家庭冲突之后，你是否会承认冲突并努力修复与家人的关系？冲突是否一直在无休止地重演？冲突是否被否认，就好像它从未发生过一样？冲突导致了问题的减少还是增加，或者对问题没有影响？

如果在你与父母的关系中有适当表达生气的空间，那么你的家人很可能能够处理和解决所有家庭中常见的典型冲突。如果家庭成员善于处理和解决冲突，通常他们会拥有更多分享和轻松互娱的时光。而当冲突出现时，承认并解决它，冲突往往会变得更温和、持续时间更短、发生频率更低。

一些父母在发生冲突后，数小时甚至几天都不愿意与家人说话。这样的父母甚至可能不承认家人的存在。如此极端地退出关系很可能会让大多数孩子感到羞耻。这样的退出所传达的信息是，被指责的家庭成员的行为（事实上，就是这个人）是如此离谱和惹人厌。这种对生气和冲突的回应可能会有效地让儿童顺从，但会极大地损害他们的价值感和自主性，以及在关系中的安全感，孩子会觉得有被抛弃的风险。

如果你想与伴侣建立并维持一段健康、长期的关系，你最好能坦然面对冲突并致力于解决它们。那些忽略细节和差异、专注于伴侣优点的蜜月期，并不会长久。在你们关系的最初几周和几个月里，你主要看到的是伴侣吸引你的特质，从而创造出一种幻象，掩盖了你可能不想要的任何特质。最终，这些特质会在你们的关系中变得显而易见、不容忽视。如果你试图忽略它们，往往就会逐渐放弃自发的坦诚和亲密，而倾向于安全相处。其风险在于，随着时间的推移，你们可能只是保持名义上的亲密关系。如果你试图解决冲突，但在传达脆弱情绪和修复关系时缺乏适当表达生气的经验，那么你可能会陷入无休止的冲突循环，也会破坏深层次的亲密感。

主题五：表达差异

想法、感受、意图上的差异是否能被接受甚至鼓励，还是被认为是错误的、不可接受的？你是否认为你必须将自己的许多想法、感受和计划保密，以免被父母批评或拒绝？

如果你在童年时期与父母意见上的不同既不被接受也不被鼓励，甚至被认为是你自私的表现，那么你就很难培养出强烈的自主性。考虑到你可以用来组织自我存在感的想法、感受和行为的范围很窄，你面临的风险是，作为一个离开父母的人，你对自己是谁只有一个模糊的概念。父母对你内心想法的负面评价，会让你更难了解和接受这种感受。随着你的成长，你认识到你必须在自主性和与父母的关系之间做出选择。

相反，如果你的父母喜欢甚至鼓励你分享不同的兴趣、观点、感受、想法和价值观，那么你就会逐渐了解构成你个人核心特征的独特品质。尽管有分歧或冲突，你仍会认为你与父母的关系对他们来说非常重要，并且是安全的。你将能养成自主型的依恋模式。

承认并接受与伴侣的差异是保持你们关系健康的一个核心特征。差异能给关系带来滋养和成长，而不是威胁。许多关系问题直接源于一方试图控制另一方的内心生活（想法、感受、愿望和信念）和行为。这基于一种假设：你们中只有一个人是对的，另一个肯定是错的。任何一方都不会接受错误发生在自己身上。

这种控制与其有依恋关系的人的愿望（通常表现为对控制的需要）是紊乱型依恋的儿童和未解决型依恋的成年人的核心特征。

主题六：设限和管教

在你的记忆中，管教是严厉的、宽容的还是温和的？管教只与你的行为有关，还是与你的想法和感受也有关？它包括关系的退出吗？体罚呢？你最常因为什么而受到管教？

当你还是个孩子的时候，如果管教是严厉和具有惩罚性的，甚至是频繁爆发的愤怒和严厉的惩罚，那么你很可能在与父母的关系中感到恐惧和羞耻。如果是这样，你可能会以表现出顺从和退缩，或愤怒和反叛来回应他们。无论哪种情况，你都没有机会变得善于管理和解决冲突、接受差异、学习表达和调节负面情绪。

相反，如果将管教用作指引和教导的手段，你将在与父母的依恋关系中感到安全，获得尊重差异、讨论和解决冲突的能力，以及知道不仅要重视自己的愿望、信仰和行为，也要重视其他人的。

在成年人之间的健康关系中，管教通常无关紧要。管教是给你的孩子的。然而，当你还是个孩子的时候，你父母管教你的方式将会影响你成年后处理分歧、生气和冲突的方式。你被管教的经验，可能会影响你在与伴侣发生冲突时是否会感到羞耻、愤怒、恐惧或绝望。

主题七：亲密或疏远

当你遇到困难时，你的父母是否经常在你身边帮助你？当你想分享经验时，他们会倾听吗，还是只愿意与你一起玩乐？你会形容你的父母是可依靠的、敏感的、反应迅速的吗？他们的反应是否不可预测，而原因往往是你不知道的，或与你无关的？他们是否缺乏对你的陪伴或情感回应，这是可预测的吗？你会形容你的家人是温暖的、冷漠的还是介于两者之间的？

童年时期，你在家庭中的经历会让你了解人际关系在你生活中的作用。你得到了一份关于人际关系功能及其重要性的蓝图。如果你的父母对自己的个人生活非常投入，对作为父母的角色却不感兴趣，那么你将不得不自己处理你的情绪和压力事件，并可能会形成抗拒型依恋模式。如果你的父母有时在，有时不在，这会让你感到无法预测和困惑，你很可能会形成焦虑型依恋模式。

如果在你成长的家庭中，关系主要是为实际目的服务的，讨论是解决问题的一种手段，而不是作为分享情感、提供安慰和支持的一种契机，那么，你可能会发现，你倾向于与你的伴侣建立一种疏离的关系——可以一起处理问题、分享想法，但很少交流感情。如果你的伴侣希望更多地关注情感沟通和亲密关系，那么这可能会导致冲突。而如果你和伴侣都倾向于避免情感上的亲密，那么这会导致你们的关系疏离且渐行渐远。

相反，如果你的父母彼此及与你之间都表现出情感上的亲密，同时在冲突出现时处理得当，那么你很可能会寻求这样的情感亲密，并在关系中很容易做到这一点。你将寻到一个愿意并有能力与你保持密切关系的伴侣。

主题八：处理情感失落

在童年或青春期，你是否经历过家庭中的任何缺失和伤害？有人死亡吗？有分离或者离婚事件吗？这些事件是公开讨论的吗？在处理时，你得到支持了吗？

如果你在孩提时代的任何依恋关系中经历过情感上的缺失和伤害，那么这些缺失很可能会破坏你的安全感，以及你对依恋关系持久性的信念。如果母亲去世了，或者在她与父亲离婚后，不经常出现在你的日常生活中，那么你要么开始依恋父亲，尽管内心还有些矛盾，要么决心避免与他有任何情感上的亲密，以免自己再一次失去和受到伤害。

如果你在孩提时所经历的失落，并没有与当时为你提供支持的依恋对象公开地讨论并解决，那么成年后你很可能会在人际关系中遇到困难。如果你的父母中的一方或双方都认为最好继续进行，就好像从未发生过一样，那么你将不得不努力独自承受失落和整合损失。其

为什么你总是缺乏安全感

强度和对自我意识的威胁，可能对你来说过于繁重且难以管理，导致你进入一种否认自我的强烈情感的状态。

如果你在童年时期承受了巨大的情感失落，并且当时没有得到很好的支持，那么你在成年后的重要关系中感到安全的能力将受到挑战。你可能会变得更有控制欲（给自己一种虚假的安全感，感觉你可以防止进一步受损），或更疏远、更超然，这样的话，一旦关系结束，你受到的伤害就会少一些。

假如你在经历了严重的情感失落时，你的父母或其他与你有强烈依恋关系的人能够给你积极的情感支持，使你能够处理好这些失落感，那么你很有可能发展出情感弹性来应对感情上的损失。这有助于培养你在成年后建立健康关系的能力。

主题九：管理创伤性事件

在你身上曾经发生过任何创伤性事件（高度压力）吗？这些是由你的父母或其他重要的成年人造成的吗？你当时是如何处理这样的事件的？你的父母或其他重要的成年人有没有帮助你处理它？

虽然童年时期失去依恋关系肯定会造成心理创伤，但其他事件同样有可能具有创伤性，其中包括虐待、严重事故、疾病、与家人的重大分离，以及由家庭以外的人造成的重大背叛、拒绝或打击。如果你依恋的人是你创伤的根源，例如你儿时在家中遭受过虐待和忽视，这样的创伤将特别难以管理和解决。如果你的依恋对象给你带来了创伤，你的信任感就会大打折扣，通常会导致依恋紊乱，你会感到羞耻和恐惧。如果你的依恋对象不能为你提供安全感，你就必须依靠自己。

家庭内创伤的结果，通常会导致抗拒型或焦虑型依恋模式的产生。虽然你通常会采用自主型依恋模式与人联结，但当你回忆起过去的创伤时，你就会产生强烈的负面情绪和挥之不去的情感阴影。过去的记忆可能会被当前的某些情绪、事件、感觉或活动所激活，这让你很难以健康的方式维持人际关系。

如果上述这些情况使你当前满意的人际关系变得紧张，并成为关系失调的根源，那么你可能要选择停下来，反思在这些令人不安的情况下你能识别的任何关系模式，看看是否能够在现在和过去之间建立联系。这种意识很可能是帮助你找到方法、减少过去创伤对当前关系影响的第一步。

主题十：与其他成年人建立重要关系

在你的生活中，除了你的直系亲属，还有没有其他

　　　　　　　　为什么你总是缺乏安全感

大人在重要时期照顾过你？有没有其他大人花时间陪伴你，让你从中学习，感到被重视，让你对自己和生活感觉良好？这些关系是否使你在某种程度上改变了与父母关系的意义？

暂时将目光从家人身上移开，集中在你童年时期的其他重要关系上。如果你能够识别其他重要的关系，那么你可能会思考它们对你人生的发展产生了什么样的影响。这些成年人能帮助你从另一个角度看待你与父母以及你与自我之间的想法、感受和行为。这可能会让你有更多的选择来理解自己的童年生活，并帮助你发现自己独特的、积极的、不同于父母或不被父母看到的品质。

非父母的成年人对你发展的影响证明了这样一个事实：虽然父母的影响对你的关系模式的发展至关重要，但你并非局限于这些关系。事实上，你所经历过的人际关系还将持续影响你的未来。如果你与朋友的关系健康，那么这将有利于你与伴侣之间的关系，反之亦然。虽然你会受到过去的影响，但未来并不是只由过去决定的。试着用开放的态度对待新的关系，它们将会给未来赋予新的意义。

重新体验过去

我们经常被告知不要自找麻烦，过去的事已经过去了。我的第一反应是，麻烦可能会在最不合时宜的时候被唤醒，最好在你能照顾和驯服它的时候唤醒它。其次，我会说，如果过去能一直停留在过去，我们就不必注意它。但是过去会不断地影响着我们赋予现在的意义，所以我们最好训练自己以现在的认知来诠释过去的意义。

是的，过去仍然活在现在，正因为如此，它可以被影响、修正、深化，并赋予新的意义。我们无法改变过去的事件，但我们可以改变我们赋予它们的意义。通过改变意义，我们可以改变过去事件对现在的影响。在实现这种改变的过程中，我们经常发现我们可以以开放的方式重新认识过去，为我们当前以及未来的关系带来希望。

◦⋯⋯⋯ **案 例** ⋯⋯⋯◦

29岁的莎伦正在自我批评、缺乏职业满意度和失败的伴侣关系中苦苦挣扎，她对事物失去兴趣，不想与人交往，不到两三个月就离开一段伴侣关系。她记得她的童年是平淡无奇的，尽管她希望这些年来她能和母亲更亲近些。她的母亲是一位忙碌的教授，经常忙于研究和辅导学生。她父母在莎伦7岁时就离婚了，虽然她与父亲保持着联系，但并不频繁，她觉得自己对他不重要，随后得出结论，父亲对她来说也不重要。

莎伦认识了和她同龄的梅琳达，她在大型建筑公司工作，就在莎伦隔壁的办公室。随着她们相互了解，莎伦变得越来越开放和放松，她向梅琳达谈到她的兴趣和梦想、她的历史和情感挣扎。莎伦不记得曾经有过像梅琳达这样的朋友。她觉得自己被接纳了，可以说出任何她想说的，而不会感到被评价。她发现自己告诉了梅琳达一些她从未告诉过任何人的事情，并谈到了自己最近的恋爱关系中出现的问题：她怀疑自己是否有能力与男性亲近，而之前她认为自己只是没有找到"对的人"。她还承认，自己在工作时总是小心翼翼，生怕受到批评。她对梅琳达无所不谈，她的怀疑、不足……种种一切，而梅琳达仍然是她的朋友。

在她们的谈话中，莎伦经常对梅琳达的回应感到困惑。梅琳达似乎认为，在与某人建立更亲密关系的早期阶段，莎伦所描述的关系问题很常见，甚至是人际关系中必要的磨合。梅琳达认为，莎伦的潜在伴侣表达与她的不同，可能是一种更加开放和坦荡的表现，而并不能证明这个人要批评她、认为她错了。梅琳达也几乎是顺带着评论说，也许莎伦对潜在伴侣的不确定，与她和父亲缺乏有意义的关系有关。莎伦猜想梅琳达可能是对的，但她很少考虑到这一点。莎伦曾认为她与父亲的关系令人十分失望，但从未真正觉得父女关系（或者她父亲）对她目前的生活有任何影响。她一直以为父亲对她的漠不关心，她早已不介怀。

梅林达还提到，莎伦在办公室的一些工作表现，令她印象深刻。此外，梅琳达还说，她有时会听到别人夸赞莎伦，认为她是公司的资产。起初，莎伦认为梅琳达只是想让她感觉良好，编造同事的看法来哄自己。但万万没想到，曾与她合作过两个重要项目的斯坦也认为，莎伦对他们的合作做出了重大的贡献，而莎伦却一直认为自己曾经拖延了他们的工作进度，仿佛她对别人的赞美都置若罔闻。

梅琳达也和莎伦谈到了自己的一些疑虑和担忧。在梅琳达小的时候，她的父母工作都非常努力，他们创办了一家企业，最终取得了成功。每天父母都工作到很晚，而梅琳达很多时候都只能和奶奶在一起，放学后经常到奶奶家吃饭。梅琳达在青春期与父母发生过许多冲突，直到上了大学，她才开始感觉到与父母真正的亲近，感受到父母对她的爱和支持，而这些曾被他们对事业的专注所遮盖。一个周末，妈妈泪流满面地和梅琳达说，当她工作到很晚的时候，她有很多次看着梅琳达的照片，后悔没有回家陪梅琳达做作业、为她准备晚餐、教她学做美食。在那之后，梅林达的生活似乎开始步入正轨。她与爸爸从来没有像与妈妈那样谈过，可是她不再怀疑她和爸爸之间的关系了。她知道，爸爸对她的爱和妈妈的一样强烈，其中有一部分原因是她妈妈曾告诉她关于爸爸的故事。

莎伦和梅琳达不仅谈论了彼此的担忧和顾虑，而且在一起度过了许多轻松的时刻，她们发现两人有着共同的兴趣，莎伦发现自己在反思梅琳达对她的人际关系和工作的看法，这使她重新找到了自我。通过梅琳达，她获得的关于生活中这些重要事件的全新角度的看法令她不安，与妈妈有关的回忆不断浮现出来。莎伦想起，当她和妈妈意见不合时，她总觉得自己错了，而妈妈是对的。如果她们在一些重要的事情上意见不一致，例如莎伦决定学习建筑而不是历史（她妈妈的偏好），她常常觉得妈妈对她很失望。她以为，除非她同意妈妈的意见，否则妈妈就不会再喜欢她。她意识到她已经开始故意避免冲突，并试图取悦妈妈，但她从未觉得自己在这方面取得了成功。对妈妈和她们彼此间的关系有这样的想法，使她很难受。光是这样想，她就觉得已经背叛了妈妈。她一直钦佩妈妈成功的事业，其他方面也似乎没有什么可以挑剔的。她相信，妈妈所做的一切是为了自己好，从过去到现在一直都是；但莎伦现在开始意识到，妈妈这么做是一种作为母亲的需要，她为女儿做了最好的安排，要确保女儿一切顺利，而这正在削弱莎伦对自己的判断和对目标的信心。

渐渐地，莎伦开始比较妈妈和梅琳达对冲突、自信和自我价值上所持的看法。她越来越觉得，她和妈妈之间缺乏情感上的亲密和分享，她们之间的互动更多是来自妈妈对她的操控，用来满足妈妈的期望，这并不是莎伦自己的自私和不足。妈妈对莎伦的失望，主要与妈妈认为女儿应该适合什么，以及作为女儿应该负有什么责任的狭隘看法有关。

莎伦慢慢地意识到，与潜在伴侣的意见不合，并不一定就是表示拒绝或失望。她还意识到，她的自我价值感依赖于妈妈的认可（几乎很少发生），这已经延续到她的工作中，她不断地寻求他人对自己能力的认可，以至于她的表现也受到了影响，并忽略了完成工作的成就感。她还意识到，即使在得到肯定的时候，她也不会当回事！当莎伦想到与父亲疏远的关系时，她回忆起在她的童年和青少年时期，爸爸没怎么打电话给她，也没有遵守诺言来看她。她慢慢地意识到，由于爸爸明显地拒绝了她，她实际上感到了巨大的痛苦，但她让自己不再去感受那份痛苦，她说服自己，这没什么大不了的。而现在，她允许自己去感受，尽管她快30岁了，但她仍然能感受到20年前被拒绝时的痛苦，同时，也感到生气。她值得过得更好！作为女儿，她没有辜负他；而作为爸爸，他却辜负了她。

当莎伦开始赋予她的过去以及与父母的关系以新的意义，并看到这些关系对她当时和现在的影响时，她也开始看到它们与她现在的人际关系和工作表现之间的联系。她开始意识到赋予当前事件以不同意义的可能性。当她日渐熟悉的一位男性表达了与她不同的观点时，她会深吸一口气，问他为什么会这样看。在考虑了他的回答后，她进一步阐明了自己的看法。随着时间的推移，有时她会站在对方的角度看待事物，有时对方会站在她的角度看待事物，有时他们会继续不同，但他仍然喜欢和她在一起！他们的关系竟然可以包容不同的意见！当她不再关注同事对她工作的看法，而是更多地关注工作本身时，她注意到自己的工作成绩正在稳步提高，且越来越熟知自己的技能。这种意识使她能够更加开放地接受同事的建设性评论。虽然听到赞美并不总是令人愉快的（对她来说，真正听到赞美是不舒服的），但这使她的能力进一步得到提高，工作氛围也更加轻松了。

这个有关莎伦自我改变的故事，虽然在实际生活中肯定不像描述的那样容易实现，但却是有可能的。当成年人对他们过去的事件以及他们如何体验这些事件持开放的态度时，改变就会发生。随着他们越来越明白对事件的体验并非事件本身，他们也就更加容易理解，过去和现在的事件并不是那么僵化地联系在一起的。

对我们过去的关系赋予一种开放的新的意义，往往是由当前的重要关系推动的。当莎伦感到被梅琳达所接受和喜爱时，她对梅琳达的回应和她们关系本身也自然越来越积极和开放。她开始分享她的疑虑和担忧，而且能敞开心扉接纳梅琳达的回应。她开始意识到，与梅琳达交谈时，她的反应与和母亲进行类似谈话（或更常见的是缺乏此类对话）时的感受有所不同。因此，她现在对她的父母、她过去与父母的关系以及这些关系如何影响她现在有了新的看法。她比以前更了解她的生命故事，一切变得更加完整，而重写过去和现在事件的意义的方法也变得显而易见了。

理解那些事件背后的意义

那些研究依恋关系本质的人得出结论：如果你能够

理解生命故事的意义以及对你影响最大的关系的本质，编织出一个有组织的、交织着不同元素的故事，那么你往往处于发展健康关系的最佳位置。通过了解我们与父母、其他照顾者、老师、导师和朋友之间的关系，我们可以认识到自身当前人际关系的特点，并能够更深入地意识到自己的优势和亲密关系对我们的挑战。我们会洞悉在人际关系中我们的偏好是什么，我们要如何与他人互动，以及我们希望他人如何与我们互动。从这种意识中，我们能够制定出最佳的行动方案来指导我们发展和维护当前关系。

假设你和父亲的关系很不好。想象一下，在和你相处的时候，他总是批评你，很少支持你。当你们一起做事时，他没有主动来互动，并显得十分焦虑。你会如何回应？这里有一些可能性：

- 你躲着他，主要向母亲寻求你需要的东西。
- 你煞费苦心地取悦他，却常常失望。
- 你经常和他发生冲突，迫使他注意你，这是唯一有效的方法。
- 你试图在学校或社区中与其他男性发展关系。
- 你通常会贬低你依赖他人的情感需求，也贬低了你的情感生活本身。

你如何理解他与你相处的方式？这里有一些选项：

- 你认为爸爸是一个好父亲，他有很多责任，有充分的理由不花时间陪你和支持你发展。
- 你认为自己懒惰、糟糕、愚蠢，或能给父亲的东西有限。
- 你认为男人通常都像你父亲，你预期他们会以同样的方式对待你。
- 你认为父亲是差劲的，对你不公平。你沉溺于他对你的态度，把你生活中的大部分麻烦都归咎于他。
- 你没怎么想过你父亲或者你和他的关系。你试图说服自己，和他的关系在你的生活中没有那么重要。

我们假设你理解了你和父亲关系的特征，并形成了一个有组织的故事，看起来像这样：时不时地，你会回忆起你与父亲的关系，记得很多时候都是痛苦的，愉快的时刻（如果有的话）很少。

通过以下的解释，你理解了他与你交往的方式：

- 发展与他人的关系，尤其是与孩子的关系，对他来说很难。
- 他小时候过着艰苦的生活，尤其是他的父亲对他

为什么你总是缺乏安全感

总是批评和拒绝。

- 他快乐的主要来源是工作、爱好和朋友，而不是他的孩子。
- 他很难处理冲突和表达自己的情绪。
- 他本来想和你建立更亲密的关系，但却不知道如何实现，他避免去考虑这一点。

以下看法，让你理解了父亲的行为对你成长各个方面的影响：

- 你倾向于自我批评，有相当多的自我怀疑。
- 你往往对别人过于挑剔，只关注于你不喜欢的品质，却忽略了你喜欢的品质。
- 你容易变得悲伤和气馁。
- 你倾向于避免冲突或对冲突有强烈的反应。
- 随着关系的发展，你往往会高估或低估关系。
- 你倾向于避免情感体验，更喜欢理性分析。

最后，让我们考虑一下，如果你已经解决了与父亲关系中产生的困难，并发展出自主型依恋模式，你可能会通过哪些方式参与现在的关系？

- 你意识到了上述倾向，能够反思它们，并减少它们对你当前关系的影响。
- 你反思了生活中其他重要的人与你的关系，明白它与你和父亲的关系不同，并利用这种意识给自己信心，知道自己在关系中可以提供什么。
- 你已经了解了冲突的价值，以及如何在不破坏关系的情况下处理冲突。
- 你已经思考过你想要怎样的一段关系，然后，在减少挑战的同时，强化你的优势。
- 你学会了抑制在与父亲的关系中形成的防御性倾向，并在与朋友和伴侣的关系中保持开放，接受新的体验。

　　虽然这个例子给人的印象可能很简单，但实际操作起来并不容易。尽管如此，它还是很有价值的，可以指导我们为建立健康的人际关系做出最好的努力，并在面对过去关系中的困难事件的同时，管理好与之相关的强烈情绪，使我们在与他人联结时，可以发展出看待自己优缺点的真实看法，并了解我们在有意义的人际关系中寻找的究竟是什么。我们面临的挑战是要公开地反思过去那些重要的关系，以便我们能够发展出新的意义，成为我们建立目前健康人际关系的指南。

我们所面临的挑战，通常来自我们很难客观看待与父母或其他对我们来说有重要意义的人有关的那些事件。我们可能会觉得，对父母养育我们的方式持消极态度是自私或不尊重的。或者，当我们开始回忆与父亲有关的过去时，如果我们再次感受到最初与该事件相关的任何羞耻或恐惧，我们就不太可能以新的视角反思这些经历。所以，我们束缚了我们的记忆，限制了它们对我们当前关系的指导作用。或者我们可能难以回忆过去的事件，是因为它们与恐惧、绝望或愤怒的强烈情绪状态有关，导致我们避开它们，或过分沉迷于它们。或者我们陷入过去的关系中，认为它们阻碍了我们现在过上美好的生活，并没有注意到与他人交往的新机会。这些方法都不能让我们反思过去的事件并从中吸取教训。如果我们不能理解这些事件，我们就有可能重蹈覆辙。

总而言之，你的自传就是你生活中活生生的现实。它可以被改写以回应新的想法和体验，尤其是新的关系。同时，它也影响着你当下如何体验人际关系。了解你自身经历过的故事很重要，因为它可以帮助你了解你过去的关系如何影响你现在的关系，以及现在的关系如何影响你对过去关系的看法。这一结果将为新关系提供最大的动力，以满足你的情感和心理需求。

练习二·回顾你的过去

现在可能是一个好时机，让我们回到你对本章前面介绍的 10 个自传主题下的回答。

想想你和父母中一方的关系，再想一想你目前生活中重要的一段关系。当你和父母（或其他成年人，见第 10 题）在一起，以及和现在生活中的某人在一起时，想一想两者之间的相似性和差异性。

1. 如何分享积极的情绪？

2. 如何分享脆弱的情绪？

3. 如何处理生气的情绪？

4. 如何解决冲突？

5. 如何看待差异？

6. 管教的本质是什么？

7. 家庭成员之间是亲密的还是疏远的？

8. 你感到失落之时，得到过支持吗？

9. 你经历过创伤吗？你在处理创伤时得到支持了吗？

10. 还有其他对你很重要的成年人吗？

你童年时期的依恋关系与你现在生活中的重要关系之间，肯定有相似之处。如果存在差异，你认为是什么

为什么你总是缺乏安全感

导致的？

再想想那些早年与父母相关的事件。你对过去的那些事件赋予了什么意义？还有其他可能的意义吗？如果你接受一个新的意义来解释过去的事件，你认为这会改变你们现在相处的方式吗？具体使用什么方式？为什么你认为会有改变？

是的，我们的过去，尤其是关于我们的依恋关系史，对于影响我们现在和未来的关系具有重大意义。其重要性和普遍性是我们大脑作用的结果。我们大脑的结构和功能左右着我们的人际关系，在我们的生活中极其重要。我们的大脑是为发展和维持我们的关系而设计的。当我们的大脑处于最佳状态时，我们的人际关系往往也处于最佳状态。所以让我们向内看，这次是进入我们的大脑，以便了解如何最好地发展我们的关系。

了解你的
大脑和神经系统

到目前为止，你可能已被序言中"你是谁"这三个字的新意义所吸引。这本书会继续花大量时间要求你专注于自己，以便更好地发展建立健康人际关系的技能。信不信由你，你的神经系统，就像你的自传一样，决定了你在人际关系中的表现。那么，还有什么比研究大脑是如何为健康的人际关系而生的更好呢？是的，如果你允许你的大脑发展出它所具备的组织结构和相关功能，你就会发现自己为健康的人际关系做好了周全的准备。

大脑的社会互动系统

让我们首先简要介绍一下自主神经系统，以及它如

为什么你总是缺乏安全感

何管理我们与世界的互动。该系统始于脑干，其神经回路延伸到身体的各个部位，尤其是心脏、肺和肠道。它无意识地工作，主要是负责呼吸、心率、消化、出汗和性唤起等，如果要等待我们的命令它才去执行，那么会花费太多时间。自主神经系统决定你是需要动起来——增加你的心率和呼吸、降低你消化食物的能力，还是不动——降低你的心率和呼吸、增加你的消化系统的活动。

当你感到不安全，认为需要采取行动来保护自己时，你的心率和呼吸会加快，为你做好战斗或逃跑的准备。如果你感到不安，却又认为不是必须采取行动，这时，你原地不动，尽可能地保持静止和警惕，心率和呼吸的速度下降，希望通过隐藏来保护自己；或者持续保持警觉，待状况明朗时立即做出最佳行动。当你感觉不安全时，这两个系统（运动和静止）都会以防御的方式运作，其目标是尽一切可能保护你。当处于防御模式时，大脑发展健康的关系所必需的特征——对另一个人敏感、以尽可能友好的方式与其互动——就不起作用了！在防御状态时，大脑只专注于自我保护，主要注意那些会让你处于危险（生理上或心理上）中的信号。

现在，我们假设你感到安全。自主神经系统的另一个回路（一个更接近上述的静止回路，我们可以称之为"安静且有意识"，而非运动回路的系统）被激活，这个回路的中心功能是让你能够成功地开始和维持与他人的关系。研究大脑中这个系统最多的神经心理学家斯蒂芬·波格斯将其称为社会互动系统。当这个神经回路活跃时（仍然将大脑与心脏、肺和肠道连接起来），你的状态是开放和乐于与他人联结的，而不是防御的。如果处于这样的状态中，你对人际交往中细微的线索就会非常敏感，随时准备且有能力以协调、敏锐及乐于合作的方式与对方联结。

当处于开放的状态时，你的社会互动系统会优先考虑人的声音和面部表情，而不是其他听觉和视觉来源。你会注意到对方声音的抑扬顿挫、停顿、节奏和强度变化中的微妙含义，并可以在细微的面部表情中捕捉它们的含义，尤其是眼睛和嘴巴。为了支持这些信息来源，你还会特别留意对方的手势和动作。你的感官动作技能和相关的非语言（或身体）沟通这时处于优先级别，帮助你有能力建立起健康的人际关系。而当你感到不安全时，你身陷防御状态，主要感官集中在接收任何对你的安全构成威胁的信号上。它们构成了一个狭窄的感官输入范围，你无法接收到范围更广的感官信号，不利于你进入并维持健康的人际关系。因为当人处于防御状态时，会优先考虑暗示威胁的信号，从而忽略关系中表现出的积极态度。

为什么你总是缺乏安全感

请注意，当你与朋友一起休闲放松时，比如一起吃饭，你会发现自己使用了聊天的语调、声音和面部表情，这些都是有节奏的，而且与你朋友的表达是同步的。如果你正在被一位研究人类关系的科学家观察，这位科学家可能会注意到你的头部动作和你朋友的是相互呼应的。当你伸手抓头发时，朋友也在做同样的动作；或者当你的朋友变换姿势时，你也会随之调整，把在一旁观察的科学家都逗笑了。这种同步并不奇怪，因为社会互动系统激活了大脑中连接声音、面部表情和身体动作的神经。当你和朋友以这种开放和联结的方式交流时，你们的表达很快就会同步，以便相互理解。在你意识到朋友的想法之前，你的身体已经提前告诉你了。当你拥有安全感的同时，你也注意到你朋友的身体表达出他也很安全！鉴于此，你觉得和他在一起会更加安全，当然，他和你在一起的时候也这样认为。

　　我们来进一步探讨大脑是如何设定人际关系的。如上所述，激活这种开放和联结的最佳方式就是和对方在一起时可以拥有安全感。如何优化这种安全感呢？那就是接纳。是的，当你觉得自己被朋友接纳而不是评价时，你更有可能保持开放和联结，而不是防御。接纳让你觉得朋友和你在一起很舒服，你不用小心翼翼的。你能够自发地表达你的想法、感受和愿望，而不会遭到评判。你的朋友也是如此。当你表达对他的接纳时，他会感到安全，并保持对你开放的态度。

所有健康人际关系的核心是接纳，而不是评价。你们的互动只是专注于分享想法或兴趣，而不是评价对方的想法或行为是否可以"改进"。一旦进入评价状态，你或朋友就会进入防御模式，从而限制了真正享受和陪伴彼此的能力。表达接纳对方的最佳方式，就是用你全方位的语音语调、声音节奏和面部表情来表达自己。当你限制了这种全方位的表达时，你的声音就会变得单调，面部表情会变得木讷，对方便会认为你在评价他。难怪训诫和主动提供的建议往往收效甚微；或者说，如果它们确实有效，那就是让人们产生了防御心理。

当然，健康的人际关系必须要有容许评价的空间。当你朋友的某些行为让你难以接受时，如果你对此表达了一些看法，就会被认为是一种评价。为了避免给你们的关系带来压力，你可能会抑制去表达，除非你认为他的那些行为将对你们之间的关系构成更大的威胁。这样的评价是必要的，而太多时候人们会因为害怕关系紧张，所以选择避而不谈，但长期隐忍的弊端更大。

大多数时候，互动沟通是一种接纳，而不是评价，当接纳必须包含评价时，定期评价可能会对关系产生一些压力，但从长远来看，这是有益的。此外，最好将评价重点放在对方的行为上，而不是对行为背后的任何想法、感受或动机的揣测。如果对方认为你对他的内心生活（例如动机）有负面看法，比起只是对某些行为的评价，他可能更容易产生防御心理。

例如，如果朋友对你做出了承诺，但没有兑现，你可能会（不加评判地）说："我很失望，因为你说过会更改约会时间，但你没有。为什么呢？"你的朋友很可能会道歉并给出理由，尝试修复对你们关系造成的伤害。然而，想象一下，如果你的评价包含着你对他动机的猜测："我很失望，因为你说会改变约会时间，但你没有。你真的不太重视我们的友谊。"如果你这样评价（假设你的朋友不重视友谊），你的朋友就不太可能主动道歉或努力修复关系了。

你可能认为我指的只是负面评价，但我在这里所说的也包括了正面评价，或赞扬。当你赞美另一个人时，他可能会变得有点防御性。如果此刻你对他的评价是积极的，那么下一刻你也很容易对他做出消极的评价。或者，他可能会把你的赞美当作暗示——你希望他始终保持同样的积极品质。他可能会感觉，如果他不小心或心情不好，你就不会接纳他。如果他认为你和他在一起只是因为他总是表现得完美，那么他就不太可能觉得自己被接纳了。

当然，赞美你的朋友是有价值的，但最好只将小部分的表达放在赞美上，而把大部分放在对对方的接纳上。你应该自然地、充满活力地表达赞美，而不是像独白一样评价他所做的事是有价值的。你的那些赞美之词只需要单纯反映出你很高兴，或者只是对他这个人一些特质的欣赏。表达赞美不应该带有任何附加条件，如果你赞美的目的是诱导朋友再次表现出这种行为，那么他很可能会不回应或只是防御性地回应你。

你瞧，你大脑中的社会互动系统是为安全、有意义和愉快的关系而设计的。当与朋友互动时，你是开放和联结的，你们的友谊很可能会加深。你在传达朋友对你很重要、你对他和他的分享非常感兴趣，并且在你们的互动中你全然与他同在。

从"我"到"我们"

在过去的 25 年里，科学技术的进步，使我们对人类大脑的研究取得了重大进展。加州大学洛杉矶分校的丹·西格尔和艾伦·肖尔是研究这方面的专家。他们开辟了一个新的研究领域——人际神经生物学。全面研究大脑如何工作的结果证明了之前所说的：大脑

为什么你总是缺乏安全感

是为健康的人际关系而设定的。健康的人际关系不仅是我们生活中极大的快乐源泉，对我们的大脑和心智的发展也至关重要。在这里，依照西格尔的说法，我们认为心智代表的是大脑中能量和信息的流动。西格尔在其著作《人际关系与大脑的奥秘》中介绍了大量研究结果，表明健康的人际关系对于大脑的组织至关重要，有助于它发挥最佳功能，并可以整合来自身体、心智和关系的意识。如果不能在互惠、开放和联结的关系下与他人分享观点和经验，那么我们就无法获得来自人际关系的广泛知识。

西格尔谈到了在个人、家庭、文化和社会发展过程中，从"我"到"我们"的关键转变。我们是群居的生物。当我们以最佳的方式发展社交技能时，我们不仅能生存，还能茁壮成长。在"我们"的状态下，你的内在状态（思想、情感、意图、价值观、感知、记忆和信念），与你伴侣或朋友的内在状态融为一体，对共同关注的事情的理解也会更加深刻。这样的关系是相互的，彼此影响。你们每个人都为分享的事情付出一些东西，并从中收获了更多。你们共同理解得到的，比你们在不分享的情况下各自单独去理解所得到的要丰富得多。是的，你的大脑中有这种神经系统，它专为健康的人际关系而设计。

西格尔还提出了大脑中"共鸣回路"的概念，它使你能够与朋友同步、调谐到同一种体验中，你的身体和心灵能够深深地感受到对方的体验，就像他的身体和心灵能感受到你的体验一样。这个回路涉及人大脑中的前额叶皮层和前扣带回皮层，该区域在你的思维和情绪、他的思维和情绪以及你和他之间起着桥梁的作用，整合各个方面，让你对朋友产生同理心和共情。这个回路被称为镜像神经元，当你感知到其他人的有意行为并想要做出同样反应时（你的朋友挠了挠头，你发现自己也同样跟着做；你的朋友表露出悲伤，你也仿佛经历了类似的悲伤），它使你的心智能够与对方的心智产生共鸣。前扣带回皮层，特别是脑岛周围的一个特殊区域，让你产生对朋友的经验有知觉和同理的能力。与杏仁核、海马体和丘脑的进一步连接，为我们的关系带来了丰富的情感养分。所有这些区域都由神经递质——例如催产素（产生靠近的欲望）和多巴胺（从靠近中产生快乐）——来激活和维持。

　　上面我们讲了很多关于神经回路和区域的知识，那么，它们的意义是什么？它们确保我们都拥有并享受健康的人际关系，如果我们想要一个有意义、愉快和完整的人生，就必须拥有它们。研究表明，健康的人际关系具有互惠性，即能够分享并可以轮流替换。健康的人际

为什么你总是缺乏安全感

关系对每个人都有意义，交往的双方都为关系的价值做出贡献。这些关系包括共情和同理心。每个人的个人体验都应该被接纳和重视，而不应该总是被要求去服从和顺从，一个人的社会情绪体验与对错无关。

互为主体：从婴儿到老年人

大脑中共鸣回路所产生的影响在父母和婴儿之间的互动中显而易见。这种互动是同步的，他们的非语言表达——发出的声音、面部表情、手势和动作——具有舞蹈的特征。这一互动的集合被称为"调和之舞"，调和指的是用情感状态中的非语言表达出彼此的同步。

所有年龄段的健康人际关系都具有相同的特征。当非语言表达在很长一段时间内都一致地发展和呈现，伴侣彼此看起来会很像——他们行动同步，心灵相通，能够了解彼此的需求。在这种关系中，差异很小。我们有理由相信，随着时间的推移，这对伴侣的大脑结构和功能会越来越相似。

对于这种调和之舞，还有一个更广泛的术语来描述人际关系中包括亲子之间的这种亲密联结——互为主体。互为主体的意思是情感调和，有着共同的兴趣和关注点。他们彼此双方都意识到并关注对他们双方都有意义的事，这件事可能是一段共同的回忆、一个人告诉另一个人的故事、他们的关系、一个生病朋友的状况、一起看过的电影、一首歌、一朵花，或者一个路过的陌生人有趣的帽子。他们的共同关注对双方都有影响，无论对双方都有深刻的意义（例如共同朋友的健康），还是有轻微而短暂的意义（例如陌生人的帽子）。不管是什么，它都吸引着双方的注意力，并影响着双方。

除了调和、共同关注之外，互为主体还包括拥有一个共同目标，即两人在一起做事的共同理由。这个共同目标可能体现在活动中的合作，或将彼此的兴趣、技能和能量共同带到活动中。无论你们在一起做什么，这个共同目标通常会带来更多的意义、乐趣和成功。当共同目标仅仅是享受待在一起的感觉、分享一些东西，或者一起学习交流时，很明显，这种关系对双方都有价值。两者都对彼此间的关系有所贡献，其中一方的愉悦对另一方的愉悦至关重要。当两人的关系不再协调、各自专注于不同的事情，或者在一起的动机不同时，互为主体就不存在了。在这种情况下，关系本身也不太可能进一步发展。事实上，如果一个人的兴趣和动机受到重视而另一个人的却被忽略，或者一个人占主导而另一个人只能跟从，或者如果互为主体缺失持续太久，他们之间的关系可能会受到损害。

互为主体的体验对健康的人际关系具有重要价值，

根据互为主体的定义，我们知道两个人的体验都很重要，会被对方关注，并对他们之间的关系产生影响，从而产生安全感。两人在一起，彼此都有贡献，也都能有所收获。他们彼此之间的调和感创造了亲密的情感体验，同时带来了深深的喜悦和内在的意义。

互为主体的体验促进了关系双方大脑中社会情感区域（前额叶和前扣带回皮层）的发展。这种安全是有保证的，因为人会产生一种深刻的意识，即心智正在处理经验，任何一方都没有对错。所有体验都是有价值的，因为每个体验都为事件带来另一种视角，让你和你的伴侣有更清晰、更全面的理解。

当一个人亲近伴侣或朋友，分享一些令人兴奋和愉快的，或悲伤和担忧的事情时，这通常是关系中的一方正在寻求互为主体的体验。如果能被朋友理解和共情，那么这个人在情感体验中就并不孤单。在这种互为主体的状态下，兴奋和喜悦往往被放大，而忧虑和悲伤则被缩小。在一起关注事件的过程中，我们增加了对事件的理解，从而带来了更全面的见解和观点。拥有共同的目标通常会使人产生更大的希望和信心，或者对所发生的事情有一种完整的体验感。

整合大脑

当我们把对开放和联结而非防御的理解，与我们对共鸣回路的了解结合起来时，就会对关系中每时每刻的互动有一个重要的认识。如果你以开放和联结的方式接近你的朋友，而朋友却用防御性的方式回应——出于容易与对方的情绪状态产生共鸣的天性——几分钟内，你们的情感状态要么都是开放且联结的，要么都是具有防御性的，你的状态会影响你朋友的状态，反之亦然，要么你会改变以适应你朋友的状态，要么你的朋友会对你这样做。

值得注意的是，你们双方更有可能都变得富于防御性，而并非保持开放和联结。如果你是具有防御性的（顾名思义，就是感觉不安全），你的不安全感会在你的朋友身上引发类似的威胁和压力。安全需求总是优先于对开放和联结的渴望。

那么该怎么办呢？这有点棘手，如果你能意识到正在发生什么、注意你的朋友正处于防御性，那么你将能够抑制自己改变的倾向，并保持开放和联结的状态。通过反思你的朋友、他的防御性和当前的情况，你可能会意识到你们之间实际上仍然安全，不需要自我防御。通过抑制你的防御倾向并保持开放和联结，你的朋友可能

为什么你总是缺乏安全感

也会逐渐意识到他同样是安全的，不需要进行防御。这将激发他内在的类似倾向，对你敞开心扉。这是第一个时刻，也是至关重要的时刻——抑制你对他的防御性做出同样的反应。当你拥有对正在发生的事情进行反思的能力时（我们将在下一章更深入地探讨这一点），事情的结果也将会不同。

那么，你可能会问，当你的朋友处于防御状态时，你要如何培养抑制自己防御倾向的能力呢？只需要训练和强化你背外侧前额叶皮层的功能就可以了。那具体怎么做呢？这需要通过在你的生活中建立起健康的人际关系；此外，当你和别人在一起相处时，需要培养自己清醒觉察的能力。请放心，任何时候开始都不会太晚。当你以正确的方式使用大脑时，在未来几年内，你的大脑会很容易做出反应并变得越来越健康。

◦⋯⋯⋯ **案　例** ⋯⋯⋯◦

罗伯特和黛安已经约会几个月了。在他们共进午餐等菜上桌的时候，罗伯特问黛安周五晚上是否想去看电影。黛安说她很想去，但那天晚上她已经有约了。

罗伯特：（有点儿生气）这是你第二次拒绝我了。如果你不想再见到我，我希望你直接告诉我。我是成年人，能理解。

黛安：（很快和他一样生气）我刚才只是说我周五晚上很忙。虽然我们已经交往了一段时间，但并不意味着你就能指望我把所有的空闲时间都留给你。

罗伯特：现在你是说我控制欲太强了？我想我是对的，你在找理由不跟我在一起，不用瞎编，直接告诉我就行。

黛安：我没有瞎编。在这之前我从没这么想过你会这样，但现在我觉得你的控制欲太强了。

罗伯特的防御和对抗引发了黛安的防御反应。如果罗伯特以开放和联结的方式向黛安表达他的疑虑，她很可能会以同样的方式回应。

罗伯特：这是你第二次拒绝了，我担心你可能在考虑结束我们的关系。

黛安：完全没有，罗伯特。我很享受我们在一起的时光。我真的希望我没有其他的安排，这样我就可以和你一起去看电影了。

罗伯特：我有点没有安全感。你对我来说非常重要，我希望你能接受我的顾虑。

黛安：没问题。你只是还不太了解我，看不出有时候我也会没有安全感。

或者，如果黛安能够抑制她的防御反应，罗伯特也有可能自己变得开放和联结。

罗伯特：（有点儿生气）这是你第二次拒绝我了。如果你不想再见到我，我希望你直接告诉我。我是成年人，能理解。

黛安：罗伯特，如果我让你觉得我想结束我们的关系，我很抱歉。我完全没有这样的想法。

罗伯特：谢谢你。我只是偶尔会感到不安。你对我来说非常重要。

黛安：听到你这样说，我很高兴，我是说，我对你非常重要这句话。当然，你没有安全感也没关系，因为我也是。

两个大脑在一起

当你的伴侣或朋友下次问你想从你们的关系中得到什么时，你可以这样回答："实际上，我希望我们的前扣带回皮层和前额叶皮层同步发展，有类似的组织结构和功能。当我们在一起时，我们的杏仁核会引发接近彼此的渴望，并为我们双方创造快乐；同时，我们的脑岛和镜像神经元会茁壮成长。当我们分享体验和生活时，我真的很期待我们的伏隔核一起被激活并在我们的大脑中传输令人愉快的多巴胺。"

除非你是神经生物学极客，不然你会觉得这样说有点过头，不过那确实是事实。实际上，我和好朋友乔恩·贝林一起写了一本关于这方面的书，他可以说是个神经生物学迷。我们这本书的书名是《激发大脑潜能的育儿法》，虽然它关注的核心是大脑系统对亲子关系的影响，但其结论适用于所有重要的关系。

父母的大脑中有五个系统，一旦被激活，他们就能在几个月或几年内进行良好的养育。这些系统与儿童大脑中的五个系统非常相似，这五个系统使儿童能够与父母建立安全的依恋关系。这些系统涉及了前述的大脑区域，它们是：

- 靠近系统，涉及想要和父母／孩子在一起的愿望，由催产素和一些相关的神经递质所激活。
- 奖励系统，为互动带来快乐，并在与父母／孩子互动时释放多巴胺。

　　　　　　　　　为什么你总是缺乏安全感

- 儿童阅读（或家长阅读）系统，唤起你对父母／孩子的浓厚兴趣，并使你敏锐地注意到他的表达，从而更好地了解他。
- 意义构建系统，引导你看到你与孩子／父母关系的意义和价值，尤其是在你们特定的互动中。
- 执行系统，它使你能够理解这一切，并着眼于长期目标（抚养好孩子，维持长期关系），努力维持好这段关系。

关于这五个系统，一个有趣而重要的事实是，当它们与另一个人的系统同步时，就进入了最佳工作状态。这些系统和大脑区域的激活是相互的。当孩子没有回应你时，你很难继续启动这些系统，使你去靠近你的孩子、在互动中体验快乐、对你的孩子感兴趣、在互动和关系中看到积极的意义，并且能够维持长久的关系。如果父母没有回应孩子基于依恋关系的主动行为，那么对孩子来说也是如此。同样的道理也适用于朋友或伴侣之间，这也是我在书中提到这些系统的主要原因。当你给你的重要关系带来的能量、快乐和魅力、与你的朋友或伴侣相匹配时，你大脑的工作状态最佳，你们之间的联结也是最好的。

男人的大脑和女人的大脑

虽然女性和男性的大脑大部分是相似的，但仍存在一些差异。虽然这些差异的来源可能不同，但它们都对健康人际关系的发展产生了重要影响。[1]

一般来说，女性往往对他人的体验有更多的共情力和同理心。这与女性体内雌激素和催产素水平高于男性有关。催产素往往会增加我们对他人面部表情的敏感度，这使我们能够更准确地解读他人的情绪。

男性的大脑习惯用"单侧"方式工作，这意味着男性更倾向于在某一时刻使用大脑的右侧或左侧，而女性则一般同时使用左右两侧的大脑。这往往会使男性的大脑更高效、更专一，而女性的大脑更具有综合性，更有能力实施"多任务处理"。这可能与女性胼胝体的后部比男性大有关，它能够更高效地传递左右脑的交流信息。

女性的前扣带回皮层往往比男性大，这再次支持了女性更关注和易于协调对方的情绪状态。

女性的海马体富含雌激素受体，往往比男性的

1　我的朋友兼同事乔恩·白林在这方面很有建树。

　　　　　　　　为什么你总是缺乏安全感

要大。这会增强女性在人际关系中的社会记忆和情境记忆。

男性的杏仁核往往比女性的大。杏仁核富含睾丸素受体，可激发对果断、攻击性和竞争性等情况做出的反应。

虽然我们了解了这些倾向，并知道了它们对我们人际关系的优劣势的特殊贡献非常重要，但要谨记，它们只是倾向，而不是关系失败的借口。

以 PACE 模型促进社会互动系统

现在，我们已经了解了大脑和社会互动系统，下一步就是要努力将这种意识应用到我们建立的健康关系中。我们如何才能保持开放和联结，而不是在防御？我认为，答案在于能够对他人保持平静的觉察，同时去抑制所有的防御反应。为了更好地描述这种说法，我们可以想想，自己是如何与婴儿联结的。

婴儿主要是感官和情绪的生物。我们主要通过肢体语言和情绪感官与他们同步，进行联结和沟通。知道了安全感对婴儿发展的重要性，我们可以假设，如果我们能够帮助他们感到安全，从而变得开放和乐于联结，那么我们与他们的相处将更加有效。

　　回想我的孩子还是婴儿的时候，我是如何和他们相处的，我意识到，我们相处主要有四个主要特征：有趣、接纳、好奇、共情，简称PACE模型。这些特征，在发展和维持我们各个年龄段的重要人际关系中起到了重要的作用。

　　在研究PACE模型的特征之前，我们先简要介绍一下，它们是如何激活和整合对社会互动系统的持续运作至关重要的大脑区域的。**有趣**让我们体验快乐，在人际关系中拥有惊喜的积极体验，它使我们产生多巴胺，并促进人际关系中的持续乐趣。有趣会与**接纳**相结合，神经心理学家斯蒂芬·波格斯认为，接纳是触发社会互动系统的基本态度，当我们与朋友或伴侣互动时，这两者会使杏仁核期待积极的体验。**好奇**使杏仁核平静下来，鼓励海马体让我们了解自己的现状，然后颞叶发挥作用，就像前面提到的镜像神经元，让我们可以体验朋友正在表达什么。好奇心还会激活背外侧前额叶皮层，帮助我们反思自己和伴侣的内心生活。**共情**激活我们前额叶皮层的各个方面，以及前扣带回皮层内的脑岛（我们感知对方内心生活的地方）。当共情与好奇相结合时，我们大脑的情感和反思部分都会参与进来，使我们与伴侣的相处能够保持充分的开放和联结。

有趣

当你和宝宝在一起时，你往往会比平时更活跃，使用更丰富的肢体动作和面部表情，音调会升高，声音的抑扬顿挫和音律节奏是日常谈话中通常不会出现的。如果你的宝宝没有反应，或者一开始有反应，又转向别处，你的乐趣就会降低，但当婴儿发出信号表示想要再次玩耍时，你会继续给予。

无论在哪个年龄段，**有趣**都传达着一种希望和乐观的感觉，并将你们之间的关系带入未来。它传达出你与对方在一起时压倒一切的愉悦感，同时忽略了可能出现的差异。它传达了一种轻松的安全感和亲密感，这种感觉虽然没有直接性的情感信号那么强烈，但却传递出人际关系对你的积极意义。虽然在痛苦的时候，有趣的感觉可能并不那么明显，但当困难过去后，它的回归表明了你们的关系仍然存在，并可以一如既往地享受快乐。若没有这种有趣的经验作为后盾，当身陷困难时，你们之间的关系可能会变得更加艰难，甚至会使关系双方置于危险之中。

有趣并不是指在困难时期讲讲笑话，来转移对方对痛苦的注意力。在你们相处的起起落落中，有趣会自然地发生，通常会营造出一种随意的安全感和愉悦感，这是持续互动的后盾。

朱迪告诉安妮，她最近和男友发生了冲突，这样的冲突已经发生过多次了。安妮对她的朋友表示自己感同身受，并紧紧地握着朱迪的手。朱迪不假思索地开始了自己的诉说。

朱迪：安妮，帮我弄明白，说实话，为什么我们要努力和像是来自另一星球的男人相处？

安妮：你想要长话，还是短说？

朱迪：短说吧。

安妮：促进星际对话。

朱迪：那长话呢？

安妮：激活我们的前额叶皮层和前扣带回皮层，从而最大限度地开发我们的大脑，就像那本关于人际关系的枯燥乏味的书中所写的，当然，那本书也是一个男人写的。

朱迪：呃……还是去学学做大虾吧。

接纳

通常，接纳自己宝宝的每一个特质非常容易。接纳的态度能让你对宝宝所做的一切保持开放和联结的态度，你会用同步的方式做出反应，而不是努力去改变他。相应地，你的宝宝在你面前始终感到安全，自在地表达冲动和有意的动作。随着孩子的成长，你一定会开始评价他的行为，作为促进孩子社会化努力的一部分。然而，明智的做法是继续全然接受孩子的内心生活，将你的评价仅限于他的行为，这对你与孩子的关系以及他的心理发展都有好处。

人际关系中安全感的高低取决于你们关系质量的好坏，并可以通过接纳来促进。如果你知道朋友评价的是你的行为，而不是你的内心生活，那么这样的评价和冲突就更有可能得到管理和解决。如果你感觉到朋友只是对你的行为感到失望，并不是针对你这个人，你就更有可能开放地和朋友谈论问题。

同样地，当你和朋友能够接纳彼此的想法和情绪时，你们就更有可能分享和深化彼此的反思和情感体验。当所分享的想法和情绪被接纳和调节时，你们双方就会从表面的互动深入到最私密、最有意义的关系层次中，让彼此的关系更加深厚。

接纳的价值不仅适用于彼此沟通情感，还能使人做好觉察到自己内在情绪的准备。如果你对朋友很生气，却不愿意承认自己生气了，那么你就不太可能用自己的生气情绪来指导自己理解目前的友谊体验，以及未来继续这段关系的最佳方式。你需要接纳你的内在状态，使你能够更容易去察觉它，并利用这种察觉来指导你未来的选择和行为。

◦·········· 案　例 ··········◦

在办公室辛苦工作了一天后，艾比正在和丈夫布伦特吃晚饭。

艾比：每天做着重复的工作，有时候，我真是筋疲力尽。这一切的意义何在？快乐在哪里？真想搬到大溪地去享受那儿的生活，早上起床后就去钓鱼和采椰子。

布伦特：好主意！经历了一天后，我能理解，为啥大溪地这么吸引你。

艾比：也许，当我真的精力耗尽时，会找个菠萝当甜点。

布伦特：我还要建一座沙堡，大到我们吃饭时可以坐在里面。

艾比：多棒的画面啊。等我们把车贷和房贷都还清了，把孩子送进了哈佛，再做这件事。

布伦特：一言为定！

他们笑了，他们的梦想转向他们未来的孩子和等待他们奔赴的冒险。艾比感觉好多了，她的工作似乎更有意义，压力也更小了。她的内在状态和她的表达得到了布伦特的接纳，功成身退。

想象另一段不同的对话，布伦特没有接纳艾比的想法、感受和梦想。

艾比：每天做着重复的工作，有时候，我真是筋疲力尽。这一切的意义何在？快乐在哪里？真想搬到大溪地去享受那儿的生活，早上起床后就去钓鱼和采椰子。

布伦特：不出一周，你就会厌倦了。

艾比：我想试试看。

布伦特：那很好。但我认为，如果要实现我们的目标，你最好先处理好你所承担的责任。

艾比：也许我们应该改变我们的目标。

布伦特：这不可能。我们的青春期10年前就结束了。

艾比：谢谢提醒。这真的让我觉得自己很幸运，能够如此"成熟"和"负责任"。

在这个例子中，布伦特没有接纳艾比表达的想法、感受和幻想，他的反应就好像，艾比正在告知他，她的行为即将发生根本的改变（仿佛她说过，她在没有事先听取他的意见和得到他的同意的情况下，就完成了搬到大溪地去的步骤）。布伦特提醒她现实生活中的责任，对她的内心生活持批评态度。艾比独自承受着目前生活的挫折，她的承诺可能仍然是义务，对她和孩子们未来的生活没有注入意义和积极的梦想。

当我们接纳了我们对生活可能有的任何消极想法、感受或愿望时，我们更有可能转向生活中的积极品质。挑战那些消极的想法和感受，则往往会把我们生活中实际的消极特征留在脑海中，而没有空间给积极特征。

好奇

一旦你开始接纳你和朋友的内在状态，你就会对它们感到好奇，而不是想去评判。如果你认为自己的想法和感受是"错误的""自私的"或"坏的"，你就不太可能察觉到它们；或者，即便你察觉到了，你的负面评价也只会让你想办法去消除它们，而不是去理解它们。对情绪采取一种不加评判的态度，会有助于你去理解自己的情绪、了解它们在你的自传中的起源和定位，以及它们对你人际关系的影响。在相同的情况下，保持好奇的立场，将使你能够积极反思正在发生的事情，并试图去把事情弄清楚，而不是迫切对它做出回应。为什么在你还弄清楚朋友的真实意图前，就对他生气呢？（当然，除非他明显具有攻击性）

○········· **案 例** ·········○

大卫是一名兽医，已经工作三年多了。他对目前的工作越来越不满意，并向他的伙伴理查德讲述了他的沮丧。

大卫：我只是不再喜欢去办公室了。一想到我在接下来的35年里每天都要做这些，我就很沮丧。

理查德：你认为你工作中最难的事情是什么？

大卫：这重要吗？我必须得工作，我要还所有的贷款。如果不回学校重新进修，我就不可能有更高的收入，但这是根本不可能的。

理查德：但是，你正在做的事情中，如果你能意识到自己不喜欢什么……

大卫：我发现如果老是想着我不喜欢的事，那只会让事情更糟。我们谈点别的吧。

在这个例子中，大卫对自己枯燥的工作体验并不感到好奇，因为他认为自己除了继续工作之外别无选择，想让他弄明白为什么工作会令他不满意实在是浪费时间。他继续工作的决定使他相信，好奇对自己在工作中的负面体验无济于事。想象一下，如果他采取另一种方法，重视对自己的内在体验，并重拾好奇。

大卫：我只是不再喜欢去办公室了。一想到我在接下来的 35 年里都要做这些，我就很沮丧。

理查德：你认为你工作中最难的事情是什么？

大卫：我真的不知道。当我能找出动物的病因，并做出最佳治疗方案时，我还是会有满足感。但我不知道我是更享受从主人那里得到的解脱和快乐，还是自己从帮助动物康复中得到的满足。

理查德：当你无能为力，动物变得更糟或死亡时，你会觉得难受吗？

大卫：是的，那当然，但这不是问题所在。我知道我不能创造奇迹，帮助主人改善预后和减轻动物的痛苦仍然令人满意。我认为问题更多的是……当主人似乎不在乎宠物的时候。就是这个！更糟糕的是，当主人的行为首先对动物造成伤害，却不改变自己的行为时。就是这样！那些人是如此无知，他们似乎也并不想学习，反而我比他们更关心他们的宠物。

理查德：你能做些什么吗？

大卫：对其中一些人不行，但对另一些人也许可以。或许我可以开展一个宠物护理课程！如果主人想让我给他们的宠物看病，他们就必须定期接受指导，以便更好地照顾他们的宠物。当然，我可能会失去一些顾客。我也许可以找到一种方法，让更多的人更加了解他们的宠物，并参与到宠物的护理中来。让我想想！

理查德：听起来接下来的35年似乎没有那么绝望。

大卫：是的！事实上，现在我可以自由思考其他的选择，并且知道了究竟是什么事困扰着我……我似乎更喜欢照顾农场里的动物。也许是因为与我合作的一些农民是真的很关心他们动物的健康。让我考虑一下……也许与他们合作更有价值，我甚至可以开发一种对农民更有价值的专业！我有很多想要做的事。

对于未知，保持完全开放的立场，是我对个人好奇的建议，这往往会加深你的自我意识，引导你去发现解决问题或冲突的其他方法。请保持好奇，不要限制你的问题和想法会把你带到哪里，也许你会在生活中获得比你现在更令人满意的人际关系。

共情

随着你对互动意义的理解不断加深，当它连接你和朋友的内心生活，以及你愿意单纯地接纳而不评价时，共情会立即产生。共情能让你在朋友的痛苦中与他同在，提供支持，使朋友能够更好地处理并解决问题。当痛苦情绪得到调节时，你更好地反思情况，并学会如何在未来更好地处理它。当然，它也可以是针对你自己和你自己的痛苦情绪，这样你就能对自己和你所面临的挑战共情。

共情意味着你对朋友的体验与朋友对他自己的体验结合在一起，能加深你对朋友的理解，这是理性所无法企及的。它还有助于加深你对朋友的情绪状态的感知，以向他传达你真的了解他。由于共情同时传达反思和情感元素，因此最好是通过清晰连贯的非语言和语言沟通来进行交流。

共情与好奇很好地结合在一起，通过与你一起反思、体验你的共情和你对了解朋友体验的深切兴趣，帮助你的朋友理解事件的意义。你可能会发现，对一些朋友来说，你定期表达的共情足以让他们进行更深入的思考，从而带来更深刻的见解和解决方案。而对另一些

　　　　　　　　为什么你总是缺乏安全感

朋友，你可能会注意到，通过将你的共情与好奇结合起来，可以更好地帮助他们讲述自己的故事。

◦⋯⋯⋯ 案 例 ⋯⋯⋯◦

当凯伦和姐姐打完电话后，她很不高兴。她告诉丈夫蒂姆，她姐姐明年夏天不能和她一起去欧洲旅行了，这是她们过去六个月一直在计划的旅行。

场景一（蒂姆给出了他对情况的判断和建议）：

凯伦：她给了我三个不去的理由，我想我能理解。

蒂姆：太离谱了！不管理由是什么，她都应该排除万难和你去旅行！她知道这对你有多重要。她只想着自己。

凯伦：你对她太苛刻了，蒂姆。她也对取消旅行感到很抱歉，已经说了一百遍对不起了。

蒂姆：说对不起很容易，要努力做到才行。

凯伦：她确实努力过，她已经尽力了。

蒂姆：要不我们三个坐下来看看有没有其他选择？我能想出一些可行的方法。

凯伦：不用了，蒂姆。谢谢你，但这无济于事。

蒂姆：好吧，在过去的几年里，她好像忘了还有你这么个妹妹。也许得让她明白，不能把拒绝你当作理所当然。

凯伦：蒂姆，你这么说让她听起来很糟糕。她是我的姐姐，我很了解她。事情只是碰巧发生，我们会挺过去的，我们爱彼此。

蒂姆：所以这不全是你在付出，而她在索取了。

凯伦：我们换个话题吧，说这些没用。

情景二（蒂姆对凯伦表达了共情。当他在她的痛苦中与她同在时，她能够意识到自己想要做什么）：

凯伦：她给了我三个不去的理由，我想我能理解。

蒂姆：这对你来说一定很难！我知道你有多期待这次旅行。

凯伦：我想我已经上网搜索一百次了，去查询我们能做什么、能去哪里。

蒂姆：你一定很失望吧！

凯伦：我觉得这是我们再次亲近彼此的好机会，就像我们上大学的时候一样。

蒂姆：所以这不仅仅是一次旅行，也代表了你和吉尔的姐妹关系。她对你来说太重要了，看起来你希望再次与她分享很多美好的体验。

凯伦：是的！我真的是这样想的！她曾经是我最好的朋友，也是我的姐姐，我希望我们能再次对彼此有这种感觉。

　　蒂姆：她对你来说很特别。

　　凯伦：是的，她真的是。我们必须想办法找回过去所拥有的。我们得想办法重新找回那种感觉，无论是否去欧洲。

　　蒂姆：我能从你的声音里听出来你有多想那样做。我也相信你会找到办法的。

　　蒂姆只以共情回应，帮助凯伦表达和管理她的痛苦，了解她对计划的改变有多困扰、为什么困扰，并帮助她思考该如何前进。如果蒂姆用很多问题和直接给出建议来回应她的痛苦，凯伦很可能并没有办法开始处理痛苦并反思未来。当我们的伴侣处于困境时，体验、沟通和共情通常是提供帮助的主要手段。

练习三 · 防御与联结

在所有的人际关系中，保持社会互动系统而不是激活防御系统，将使我们能够以最佳的方式处理分歧或挑战（假设我们没有人身危险，若有，则最好采用防御系统）。

回想一下，当你听说伴侣或朋友做了一些似乎对你不在乎的事情，或者暗示你对他不那么重要时，你对他采取了什么样的防御性态度。再回想一下，你的朋友是如何防御性地回应的，然后冲突又是如何升级的。

- 你认为你为什么会变得具有防御性？
- 当你接近你的朋友，并对他的行为有个人看法时，想想如何才能使自己保持开放和联结。
- 想象一下，他可能会有什么样的反应。

回想一下，当你的朋友或伴侣以防御的方式接近你，而你自己也以防御性的方式回应他。

- 想想你要如何抑制自己的防御倾向，以开放和联结的方式回应对方。
- 你觉得接下来的对话会有什么不同？

为什么你总是缺乏安全感

回想最近一次你和伴侣以开放和联结的方式相处时的情景。记住，当你联结时，你对伴侣的开放体验和你对自己的一样（这是互为主体）。当想到那时候或最近有类似的状态时，请反思该体验是否包含以下特征：

- 有趣
- 接纳
- 好奇
- 共情

想象一种不同的状态，当你和伴侣在一起时，你在避免引发你们之间更大的冲突。你与伴侣不带任何防御地讨论此事，以有趣、接纳、好奇、共情来进行反思，并思考PACE模型是否可以帮助你们更有效地减少差异。当你接近你的伴侣时，试着利用PACE模型保持开放和联结。之后，想想它们是否帮助了你。

最后，我要提到七种心智活动，有研究发现，它们既能促进大脑的功能，又能帮助人类创造平衡的生活，从而优化我们在健康人际关系中的联结。每天进行这些活动，将对你的心理、身体和人际关系技巧发展有很大帮助。

心理健康拼盘

7 种日常重要的心智活动，优化大脑物质和创造幸福

专注时间	当我们以目标导向的方式密切关注任务时，我们更乐于接受挑战，在大脑中形成深度联结。
创新时间	当允许自己自发地或创造性地、有乐趣地享受新奇的体验时，我们就可以帮助大脑建立新的联结。
联结时间	当我们与他人联结时，最好是面对面地，并且当我们花时间欣赏我们与周围自然世界的联结时，我们便激活并加强了大脑的关系回路。
身体时间	当我们活动身体，如做有氧运动（如果医学上可行的话）时，可以多方面地增强大脑机能。
内省时间	静静地反思内在，专注于感觉、图像、感受和想法，有助于我们更好地整合大脑。
待机时间	当我们注意力不集中，没有任何特定目标，让思绪漫游或只是放松时，我们在帮助大脑充电。
睡眠时间	当给予大脑所需要的休息时，我们就可以巩固所知所学，并从一天的疲惫中恢复过来。

为什么你总是缺乏安全感

培养你的
反思能力

在本章和下一章中，我将重点介绍人类的两种核心能力：思考和感受，它们是相辅相成的。反思功能反映了你头脑的思维维度，以及你对你和他人内心生活（想法、情感、愿望、记忆、意图、感知、价值观和信仰）的看法。

　　反思功能是指**我们脑海里在想什么**，而情绪功能是指**我们如何去想**。你的情绪功能反映的是当你与某人交谈时，决定要靠近还是要逃离、喜欢还是不喜欢。事实上，我们欲望的强度和复杂性都是我们情绪功能的一部分。我们的情绪被粗略地分为积极的或消极的、愉快的或痛苦的（尽管在这两种状态的范围内有许多变化，有时它们混合在一起，可能会被调节或者失调）。你的情绪能力会因你的反思能力而增强，反之亦然。当它们融入你的日常功能中时，你的人际关系就会更健康。

　　　　　　　　　　为什么你总是缺乏安全感

例如，你意识到你很悲伤，因为你的朋友不想和你一起去看电影，这就是你使用反思功能的一个例子。假设你也意识到你的悲伤比你预期的更强烈，而且还有恐惧的成分。你意识到它之所以会如此强烈，是因为你的朋友多次拒绝了你的邀请，你担心你的朋友可能不再喜欢和你在一起了。

你的情绪功能是指你的悲伤本身、它的强度，以及与之相关的对失去这段关系的恐惧。你的情绪传达了你对事件（你的朋友拒绝了你的邀请）的体验，它们代表了你对这件事的第一次评估。如果我们的情绪是强烈的、起伏频繁的，或者两者兼而有之，那么我们则应该更加深入地反思这个问题，理解它对我们的意义，并促使我们更明确地与伴侣一起讨论，进一步增进彼此的关系。

本章会重点介绍你的反思功能的特征，而下一章则着眼于你的情绪功能。鉴于它们是相辅相成的，本章和下一章不免会有重叠之处。

反思一般关系

首先，我将用广角的方式概述各种关系，以辨别它们的模式和偏好。无论是与熟人、朋友、孩子还是伴侣相处，我们都需要反思在人际关系中什么才是有价值的。只有意识到我们在友谊中寻找的是什么，我们才会确定什么样的朋友是我们最满意的。只有当我们有意识、积极地去发展友谊，同时对自己所期望的友谊始终保持清醒的认识时，我们才会成功。相较于我们反思并积极选择的友谊，出于对环境、利益的需要而不得不发展的友谊更容易失败（或者如果它们要持续存在，就需要明显的界限或不断妥协）。

人际关系对我意味着什么？

首先要意识到的是，我们在人际关系中希望得到的是什么？它在我们的生活中有多重要？在我们实现人生目标的过程中扮演了什么角色？在我们生活的哪些方面有特殊价值？以下是一些关于你在人际关系中想要什么的问题：

- 在安全和冒险之间，你是希望取得平衡，还是认为一个比另一个更重要？
- 在人际关系中，你认为应该要以讨论实际问题为主，还是以分享情绪体验为主？还是两者兼而有之？

- 在人际关系中，你认为应该尊重彼此各自不同的兴趣，还是更加强调有共同兴趣？或在两者之间保持平衡？
- 在与他人的关系中，你希望对方非常独立，还是非常依赖你？或是介于两者之间？
- 在与他人的关系中，你希望对方喜欢讲话，还是相对安静？或是介于两者之间？
- 在关系中，你希望对方是一个开放、善于表达感情的人，还是沉默寡言的人？
- 在关系中，你希望和一个乐于吐露内心世界的人在一起，还是和有所保留的人？或是介于两者之间？
- 你想和一个放松、随和的人交往，还是一个积极、有成就的人？或者介于两者之间？

我在关系中是什么样的？

一旦我们清楚了人际关系对自己意味着什么，接下来重要的是，去了解我们自己在人际关系中是怎样的。我们的优势和劣势是什么？我们有多开放和联结？我们向自己和他人承认我们犯了错误的可能性有多大？反思我们的弱点不是一件容易的事情，但如果我们想要去避免冲突，并在冲突后修复关系，我们就必须审视这些弱点。如果我们不能承认自己的错误和面临的挑战，那么当对方对关系中发生的事情表示不满时，我们很可能会变得充满防御性。试着问问自己以下的问题。

- 我愿意为了朋友或伴侣的利益做出牺牲，还是只在方便的时候才会帮忙？
- 当冲突发生时，我通常会责怪朋友或伴侣，还是愿意承认自己也有错？
- 我喜欢依赖朋友或伴侣吗？喜欢朋友或伴侣依赖我吗？
- 我的占有欲和嫉妒心很强吗？
- 当对朋友或伴侣所做的事情感到失望时，我会认为他是出于恶意才做出反击的回应吗？或者他们的行为可能是出于好意，只不过我不喜欢？或者应该尽量避免做出任何假设，直接去问朋友或伴侣？
- 我是否试图了解朋友或伴侣的世界？是否像关心自己一样关心他身上发生的事情？
- 我会因为害怕冲突伤害关系而去避免冲突，还是为了改善关系而直接解决冲突？
- 我对朋友或伴侣抱有特别的期望，当他们没有满足这些期望时，我会感到恼火？
- 我会认为，既然我喜欢某样东西，我的朋友或伴

　　　　　　　　　为什么你总是缺乏安全感

侣也必然会喜欢它；当他们表示不喜欢时，我会
很生气？

我如何反思他人？

最后一点：重要的是，我们有多想深入地了解关系
中的另一方？我们是否愿意尽力去理解朋友或伴侣的内
心生活的独特之处，并且试着不对他的行为做出反应，
直到我们能够洞察到导致这种行为的想法、感受和动机
是什么。以下是一些需要考虑的问题。

- 我是否注意到我的朋友或伴侣的想法、感受的非
  语言表达？
- 我是否向朋友或伴侣求证过我对他内心生活的猜
  测准确与否？
- 我是否经常推测对方做事的原因，而并没有进行
  确认？
- 我是否了解他的内在？
- 当朋友或伴侣讲述他的想法、感受、梦想时，我
  感兴趣吗？
- 我是否向朋友或伴侣询问了他的想法、感受和意
  图？我是否对他的回答感兴趣？

　　爱德华经常被野心勃勃、精力充沛、愿意长时间工作的女性所吸引。这些女性思想独立、积极主动，喜欢依靠自己的能力，而不是向别人求助。喜欢他的女性会直白地表达想和他在一起，她们很自信，不拘束地分享她们的感受、想法和愿望。

　　虽然爱德华一直被这种类型的女性所吸引，但他似乎也很容易对自己与她们的关系感到沮丧和不满。他开始觉得这类女性有点自私。她们似乎不愿意在与他共度多少时间，以及如何度过这些时间上妥协。他开始认为这样的女性不是很深情，他对她们来说也没有那么特别。

　　如果爱德华没有深入思考他在异性关系中真正想要的是什么，或者他对关系中出现的问题做了什么，那么相比那些女性，他要对随之而来的关系的挫败负更大的责任。表面上，他似乎只是想和一个坚强独立的女性在一起，但更深层次的原因是，他害怕和一个依赖他、对他有期望的女性在一起，担心她会成为他所认为的依赖者。他可能在某种程度上被女性的独立特质所吸引，因为他可以依赖她；但他无法承认自己的依赖特质，也就是说自己的软弱和不足。本质上，爱德华可能希望与一位以他为中心的独立女性在一起，让他感觉到她珍视他的力量、能力和价值，并愿意为他放弃一切。这样他就可以在外过着独立的生活，而在心里偷偷地依赖她。难怪爱德华经常对他的恋情感到不满。他不太可能找到这样一个独立女性，看起来依赖着他，为他放弃所有，且不成为他的负担，同时又允许他依赖着她，而表面上却假装不是这样。

如果爱德华能够反思自我，他可能会发现他想要的是在情感上能够彼此依赖的伴侣。他可能会承认，他想要的是安全和舒适的家庭生活，而不是自己或伴侣的高成就。知道了这一点，他可能会寻找一个和他有共同目标的女性。他也会更直接地将这一点传达给他遇到的女性，然后吸引那些想要类似伴侣关系的女性。

特定关系的反思

反思我们所重视的每一段关系同样非常重要。我们需要搞清楚的是，在关系中，对方的独特品质如何契合我们对人际关系的期待。如果一段特殊关系的特质不同于我们通常的人际关系，那么，这段关系是如何发展的，为什么我们要保持这种关系？这里有一些问题。

- 我喜欢 / 不喜欢这段关系中的什么？

- 在这段关系中，我为什么要这样做，为什么会说出这样的话？

- 这个人对我有多重要？为什么这个人那么重要？

- 这个人与其他重要关系中的人相似 / 不同吗？

- 这些相似 / 不同会让这段关系更令人满意，还是更具有挑战性，抑或两者兼而有之？

- 在这个层面上，维持这段关系对我来说有多重要？我对它有多投入？

- 加深这段关系并付出我的承诺，对我来说有多重要？

- 这个人怎么看待我们的关系？

- 他对我们的关系有什么感觉？

- 他在我们的关系中想要什么？

·⋯⋯⋯⋯ **案 例** ⋯⋯⋯⋯·

　　达琳有个美好的童年。她的父母都是成功的专业人士，也积极地与他们的三个孩子相处。达琳从不缺少爱、支持或指导，现在她在一所优秀的大学任教，有充分的理由期待她的成年生活可能与她的父母大致相似。

她最后一个未实现的重要目标是，找一个伴侣，组建自己的家庭。

达琳结识并约会了一些她觉得讨人喜欢的男士，一些是她的大学同学，还有一些从事着与她父母相似的职业。大体上，这些男士与她有很多共同之处，包括对她想要的生活的渴望。有几个看起来很理想，但她犹豫了。他们都是体贴而细心的男士，成功且支持她的事业。她为什么会犹豫？她是不是过于挑剔，一定要寻找到完美的伴侣？

有一天，她遇到了加文。他似乎与众不同，尽管达琳说不出到底是什么不同。他可能不会像其他人那样成功。他是一名高中教师，并且认为自己一辈子都会从事这份工作。他似乎并不比其他男性更细心、更体贴、更支持自己。他甚至比他们多了一些细微的、令人懊恼的毛病。那自己为什么会对他如此着迷？她思索着。作为一名教授，她没有信心相信自己的直觉。

一个周日的晚上，她和加文在她父母家度过了一个愉快的下午后，她知道了答案。当她和他在一起时，他的表达让她感受到某种程度的放松和温暖，宛如她父母之间的关系。和他在一起的感觉是如此地吸引人和让人感到舒适，让她想起了父母是如何相处的。但这并不是说他的性格像她父亲，也不是说自己像母亲。不，这是一种更微妙、更具有包容性的东西。当她的父母在一起时，他们都能够做自己，完全接纳彼此，不需要隐藏想法和感受。她希望有一天自己在与伴侣的关系中也能如此。之前，达琳已经隐约意识到了这一点，而现在，遇到了加文，她对此毫不怀疑了。

达琳习惯反思自己的内心生活，同时善于觉察并常常能够成功地理解朋友的内心世界。如果她没有反思自己与男士相处的体验，她很可能会选择一个拥有许多理想特质的伴侣。或者她可能已经注意到，他并没有她所喜欢的那种轻松的温暖，但随后又去说服自己，反正这种品质也没那么重要。她可能会决定，和先前那些成功、细心且支持她的事业的男士交往。或者加文不可能是合适的人，因为他的经济水平没有她希望的那么高。这些都是选择男性伴侣的重要条件。但达琳的犹豫不决使她反思自己的选择，进而理解自我，并作出了合适的决定。

在当下反思自己和他人

每段关系的基础都是通过日复一日、时时刻刻的互动，以及它们在当下对我们的影响而建立的。当我们完全与他人同在，意识到自己的内心正在发生什么，以及感受到对方正在发生什么时，我们之间的关系就会更有意义、更令人满意。当我们与对方开放和联结，而不是全神贯注于其他事情或把对方视为理所当然时，我们之间的关系更容易发展，而冲突和误解也更不容易发生。当我们在当下变得不那么了解对方，并开始通过我们在关系早期发展的习惯和假设与伴侣建立联结时，我们之间关系就开始失去意义。以下问题可能有助于我们保持关系的活力并深化关系。

- 我现在对另一个人的想法和感觉是什么？
- 我所做之事的动机是什么？
- 我的伴侣在想什么，感觉如何？
- 他所做的事情背后的动机是什么？
- 在刚刚发生的冲突中，我扮演了什么角色？
- 我们都想做我们现在正在做的事吗？如果不是，我们为什么要这么做？
- 如果他说的是一件事，而似乎想要的却是不同的，我是否会对此发表评论？如果没有，又是为什么呢？
- 我个人或我们两个人，都觉得今天在一起很无聊吗？对于这种发展模式，我们要去处理吗？
- 我对我的伴侣有什么不满吗？若有，原因为何？如果这段关系很重要，而且我想维持下去，是否需要解决上述问题？

- 我喜欢和伴侣待在一起吗？我告诉他了吗？如果没有，为什么呢？

•————— 案 例 —————•

马特和琳达已经在一起生活了两年，但他们发现浪漫正在消退，一切都不像以前那么令人兴奋和愉快了。在一起时，他们常常感到不满意，但又不知道为什么。

琳达：嘿，既然我们今天下午都有空，那么你想乘独木舟去湖边玩几个小时吗？也许做个午餐，我们带着？

马特：今天还是算了，我打算去哈里家，帮他做一个他正在做的项目。他前几天提到他希望在这个周末工作，他真的落后了很多。我答应他会过去帮他。

琳达：再找别的时间帮他吧！最近咱俩同时有空的时候不多。

在这种情况下，琳达敦促马特改变主意，并给了他一个理由。如果她只是单纯地表达她的期望，想要在两人都有空的时候多花些时间在一起，那么他可能会更开

　　　　　　　为什么你总是缺乏安全感

放地接受她的要求，并以后注意。或者，如果她明确表示，她希望马特在忙完朋友的事儿之后，可以和自己共处一段时间，那么，他可能会做出积极的回应，而不是很无礼地说——

马特：不用了，琳达。我已经告诉哈里，我会帮他。

马特迅速回绝，没有讨论的余地，也没有满足琳达希望他们能有更多时间在一起的愿望，这可能是琳达立即要求他改变主意所引发的。不过，如果他接收了她的愿望，说他也想花些时间共处，但需要先帮哈里几个小时的忙，琳达可能会做出积极的回应，而不是消极地回应道——

琳达：我觉得哈里对你来说比我还重要。

琳达把他们俩在这一点上似乎都感受到的轻微挫折提升到了另一个层次。她认为马特帮哈里的动机是马特偏爱哈里，哈里比她更重要。马特帮助哈里的决定，对琳达来说是他们关系受损的一个隐喻。她通过生气来表达她的假设，这让马特更难以用开放的态度回应她的评论。对于琳达对他行为动机的强烈假设，他做出了防御性的回应——

马特：这都哪跟哪儿啊？我已经答应他了，而且我只是花几个小时帮他而已。

琳达：也不愿意和我在一起几个小时！

马特：这跟你没关系，琳达！你为什么这么往心里去？

现在马特和琳达都变得非常具有防御性，双方都没有真诚地、努力地去理解对方。琳达非常在意马特不愿意多花几个小时和她在一起；而马特的问题是，为什么琳达会认为他的行为是"针对她个人的"（这是出于他的恼怒）。这当然不会让他们开放地讨论他们之间的冲突。这从琳达的回应中显而易见，因为她进一步夸大了马特帮助朋友的计划的重要性。

琳达：你总是有理由对我不好！今天是哈里！明天，谁知道呢？你总会找到借口。

对于琳达对马特及其动机的夸大批评，马特再次做出了防御性回应——

马特：这不公平！几周前，我们才一起在山上度过了周末！

琳达：我真自私，不愿意每个月只有一次和你在一起。

马特：一个下午而已，没必要大做文章。

琳达：你不想和我一起去划独木舟，这让我明白了很多！

马特：随便你怎么想，琳达！反正你总是这样！

琳达继续认为，马特选择与朋友共度几个小时的背后有着消极的动机。马特的防御反应现在变得更像琳达的，对于琳达评判他的动机（琳达认为这是存在的），他也表达了一个以偏概全的看法：反正你总是这样！

琳达：很好，马特，所以这都是我的错！

马特：嗯，反正不是我的！

（琳达生气地离开了房间。马特怒气冲冲地吃完早餐。两人都在问自己为什么从来没有注意到对方是这么自私。）

冲突已成为一个非此即彼的命题，所有责任都被推到对方身上，每个人都认为是对方挑起了争论。我们很多人可能会说琳达是始作俑者。马特体验了她的控制态度，并没有注意到她潜在的恐惧，即他们在一起的时间减少意味着她对他来说不那么重要。他的防御反应是可以理解的，但如果他能够对琳达保持开放与联结，他们也许能够解决她潜在的担忧。如果琳达能自我反思自己对这件事的害怕和疑虑，她可能会与他以开放和联结的方式去处理。这里的目标不是要找到引发争论的人来责备，而是要意识到双方都有机会在互动中尽早反思正在发生的事情，使得冲突更容易解决。不管是谁挑起的事端，双方都不太可能意识到，他们很快就陷入了自我辩护和指责对方的模式中，在他们说话的时候，冲突在不断加深。

现在让我们重新审视一下马特和琳达之间的对话。在这种情况下，琳达管理了她最初的失望，变得不再具有防御性。

琳达：嘿，既然我们今天下午都有空，那么你想乘独木舟去湖边玩几个小时吗？也许做个午餐，我们带着？

马特：今天还是算了。我打算去哈里家，帮他做一个他正在做的项目。他前几天提到他希望在这个周末工作，他真的落后了很多。我答应他我会过去帮他。

琳达：那太糟糕了！最近我们俩同时有空的时候并不多。不如这样，你在哈里家的时候，我准备晚餐？你回来后，我们可以一起吃饭，然后如果你不太累的话，也许我们可以在月光下沿着河边散步。

马特：那太好了！我应该不会很累，因为"月光下漫步"就是说我们会慢慢走。

琳达：你说对了。你想多慢都可以。反正月亮会慢慢升起，河流也会一直在那里。

在这段对话中，琳达抑制了自己的失望，这样她就不会生气，并告诉马特该怎么做。在首先接纳他帮助朋友的计划后，她表达了想和他一起做点什么的愿望。当他在哈里家时，她乐意准备晚餐，并且建议之后一起共度浪漫时光，这让马特很容易就同意了这个计划。

让我们再来回顾一下对话。这一次，马特能够抑制他的防御反应，并保持开放的态度来帮助琳达解决她的烦恼，而不同意她对他的期望。

琳达：嘿，既然我们今天下午都有空，那么你想乘独木舟去湖边玩几个小时吗？也许做个午餐，我们带着？

马特：今天还是算了，我打算去哈里家，帮他做一个他正在做的项目。他前几天提到他希望在这个周末工作，他真的落后了很多。我答应他会过去帮他。

琳达：再找别的时间帮他吧！最近咱俩同时有空的

时候不多。

马特：我没想到这一点，琳达，但我认为你是对的。在过去的几周里，我们没能花很多时间在一起。

琳达：那打电话给哈里，建议改天怎么样？

当琳达告诉马特她想让他做什么时，马特不会变得具有防御性，再加上他对她期待的积极回应，这使得琳达把她的愿望表达成一个请求，而不是命令。

马特：琳达，我也很喜欢划独木舟，但我觉得我应该帮哈里一把，我已经答应他了。不如今天晚饭后，我们一起做点什么，你觉得怎么样？

琳达：这样也可以。也许你在哈里家的时候，我可以开始准备晚餐。

再次，马特带头保持了开放和联结，而不是防御，使琳达能够跟随他，有共同的期待，找到在一起的时间，同时马特也可以如约帮朋友的忙。

在这种情况下，关系中的一方变得防御，而另一方则抑制住一种自然的防御倾向，从而使前者摆脱防御性立场，变得开放和联结。如果琳达平时很少出现防御性，那么马特可能只是想一想，她只今天有点敏感，并不需要处理。如果琳达在失望时习惯性地做出防御反应，那么马特最明智的做法是，和她一起解决这个问题，这样他就不用总是负责防止他们关系中的冲突升级。

马特：或者你也可以和我一起去哈里家帮他，这样我就可以早点完成。（微笑着说）

琳达：我留在这里做晚饭怎么样？（也笑了）

当关系中的一方能够在与另一方的互动中保持反思时，早期的分歧通常不会升级。当双方都反思时，早期的分歧通常都化为良性的沟通，并可以被简单地接纳和处理。当双方都没有反思时，日常的分歧往往会成为加剧关系冲突并最终导致关系破裂的开端。

简而言之，通过反思功能，我们会在处理好自己的状态并在理解其意义之后，再对行为（无论是口头的，还是行动上的）做出反应，并且是以与其意义相一致的方式回应。如果行为代表了差异或冲突，那么我们可以用更好的方式来慢慢解决它，而不是试图从一开始就把它搞得一清二楚。如果行为代表了一些不同的东西，而这些东西对我们来说不是问题，那么它通常会被简单地澄清，然后接纳。

练习四·反思

　　回想一段你生命中的重要关系。反思你对这段特殊关系的想法、感受、愿望、意图和看法。然后，反思你的朋友或伴侣可能对你们的关系有什么想法、感觉、希望、意图和看法。比较一下你对这段关系的体验与你认为朋友或伴侣的体验之间的异同。在这段关系中，增加相似性和减少差异是否有价值？如果有，你打算如何实现？

　　反思近期（过去一年内）发生的下列类型的事件。回想你当时的想法、感受、看法和意图，反思一下，如果你的反应不同，事件的结果可能会有什么不同。

- 一次与朋友或伴侣的冲突。
- 和朋友或伴侣之间距离变得疏远的体验。
- 和朋友或伴侣一起经历的愉快活动。
- 与朋友或伴侣深度分享或安慰的体验。

　　考虑一下你和父（母）亲的关系，要知道反思过去重要的关系可以改变你对这些关系的体验和记忆。然后，请做以下事情。

1. 写一封信给你的父（母）亲（不是要给他们看），包括你对他（她）过去的想法、感受、愿望和记忆，以及你们的关系。

2. 代表你的父（母）亲写一封回信。这信包括父（母）亲对你和你们关系的想法、感受、愿望、意图和记忆。

3. 写一封你期望父（母）亲会如何回应你的信。

用独特的方式来反思你自己和你的人际关系，这可能是一本书无法涵盖的。是什么让你自己和你的人际关系如此独一无二？关于你的人际关系，你有什么独特的愿望、挑战、快乐的来源？在人际关系中，你是否有值得骄傲的地方？有疑问的地方吗？深思熟虑之后，你在哪里？这是你想要吗？如果不是，为什么？你计划要如何改变自己？

了解你的
情绪能力

这是语言治疗师安玛丽在诊所工作的第二个月，她开始与职业治疗师布伦达一起消磨空闲时间。她们一起享用午餐，并有很多共同点。她把布伦达当成是可以周末偶尔聚一聚的朋友。要是布伦达不那么喜欢克里斯汀就好了！安玛丽看不出克里斯汀有什么内涵，她显得肤浅、喜怒无常，又很夸张。不过这并不重要，她和布伦达也只是普通朋友。

　　几个月过去了，安玛丽越来越喜欢和布伦达在一起。安玛丽觉得和她相处很安全，她们在一起玩得很开心，还会互相帮助克服工作上的挫折，并且和男孩子们一起出去玩、交换小礼物。随着这些积极体验和相关情绪的增加，一些令人痛苦的体验也随之而来。当布伦达与他人有约时，或者当她孤僻或易怒时，安玛丽会感到非常失望。当布伦达提到她和克里斯汀计划一起做点什么时，安玛丽有点嫉妒了。当布伦达不记得她的生日时，安玛丽很生气。当她告诉布伦达她是多么担心她姐姐离婚时，布伦达似乎不感兴趣，这也让安玛丽很受伤。

随着关系的发展，他们被越来越多的情绪所影响。太棒了！情绪为我们的生活增添了活力。情绪为我们的想法和行动提供能量。然而，正如人际关系会产生愉悦的情绪一样，它们也会产生压力。在一段关系中，我们喜欢的特质往往与我们不喜欢的特质并行。我们喜欢共度时光，却讨厌分离。当朋友对我们讲的故事感兴趣时，我们欢喜；但当朋友缺乏兴趣时，我们则很郁闷。在某件事上可以依赖某个人让我们很欣慰，但在其他事情上他又不能让我们依赖，则令人不开心。找到共同点使人与人之间的关系变得愉快，发生冲突却使关系变得紧张。关系越重要，与之相关的积极和消极的情绪就越强烈。如果我们逃避紧张的关系，就等同于逃避重要的关系。当然，我们也可能会发现，自己正在与孤独相关的情绪中苦苦挣扎。

在此，我们要讨论一个相关的名词：心智，指的是我们大脑中能量和信息的流动（此清晰简洁的定义由丹·西格尔提出，他在许多著作——包括前面提到的《人际关系与大脑的奥秘》——中都谈到了这个概念）。我们的反思功能是人类心智中与信息有关的重要成分，而情绪则代表了心智的能量。还记得上一章的内容吗？反思功能是指心智在**想什么**，而情绪功能则是指心智**如何去想**。当我们的反思功能和情绪之间达到平衡时，我们的关系才能发挥最佳效果。当一段特定的关系对我们变得越来越重要时，它就会表现出更加强烈和多样的情绪。这些情绪使关系对我们更有意义，关系进一步发展会使人产生温暖和喜悦，而关系结束则给人们带来恐惧和悲伤。

随着人际关系越来越融入我们的情绪生活中，它也需要同样地融入我们的反思活动中。整合反思功能，才能调节情绪。牢固、持久、有意义的人际关系包含平均而平衡的、全面而运作良好的情绪和反思。在这一章中，我将重点关注我们的情绪生活，以及心智的发展对维持健康的人际关系有多重要。

情绪

在过去的几年里，神经学家常常谈到大脑的情绪部分（如边缘系统）和认知部分（如皮层）。但是，最近神经心理学家和神经生物学家在描述大脑非常复杂的功能时不再使用如此简单的术语。现在，他们的研究支持

为什么你总是缺乏安全感

了这样一种观点：我们的情绪渗透在大脑的每个细胞和回路中。我们曾被告知应该依靠理性来指导我们的行为，必须发展推理能力，才能知道什么对我们最好。同时，我们的推理能力也被认为是抑制冲动情绪的关键。如果我们追随自己的情绪，将不可避免地走向歧途。我们需要通过理性和它的"执行者"意志力来抑制情绪，并诉诸理性来选择目标及其实现的方法。但这套说法有一个问题：我们的大脑不是那样工作的！

当我们试图完全依靠逻辑和理性来做出生活中的重要选择和决定时，可能会发生可怕的后果。对我们来说，"最好"的选择，往往不是我们权衡利弊后所做出的清单的首选。无法对这些清单充满信心的原因在于，其组成部分是基于我们的价值观、欲望、判断、偏好、信仰、思想、感受和历史经验，而这些都无法用任何客观的衡量标准来定义。我们给清单上的任何因素所赋予的权重都基于这些主观的个人看法。事实证明，对我们来说，最好的选择并不是来自孤立的理性，而是来自我们的直觉、感觉、感官直觉和想象。这些感觉的产生起源于大脑中整合度最高的区域，结合了从我们反思想法和情绪中产生的意识，以及我们的心脏、肺和肠道的刺激（用科学术语来说，就是自主神经系统的腹侧迷走神经回路）。这种既主观又具有整合性的认知来自大脑的前扣带回皮层、脑岛、海马体、伏隔核和杏仁核；并且尤其是当这些认知涉及人际关系时，它还包含了我们对他人的互动体验。大脑通过社会互动系统和其他相关的神经回路为我们提供了这种知识来源。

当情绪发展良好，同时整合反思功能和身体信息时，我们往往处于觉知何者最好的最前沿。令人愉快往往是最好的，令人不悦则不符合我们的最佳利益，但有时却恰恰相反：短暂的愉悦会导致长期的问题。暧昧的灰色地带如此层层叠叠，令我们很难判断一个人。你可能会对同一个人有复杂的情绪或矛盾心理。我们有多种情感，有时彼此矛盾，有时相互支持。所以，我们将情绪分组后再一一检视（尤其是那些与关系最密切的情绪），来看看这些情绪是如何促进健康的人际关系的。

情绪分为积极和消极两种，不过当一个事件同时包含积极和消极情绪时，我们可能很难用这种截然二分的系统来看待。

人际关系与积极情绪

我们是社会性的生物。现在许多科学家认为，我们的大脑更倾向于利他主义而非自私，更倾向于合作而非

为什么你总是缺乏安全感

竞争——至少当我们感到安全的时候！由于依恋的部分功能是发展安全感，所以健康的人际关系被视为与许多积极情绪相关的爱的关系也就不足为奇了：喜爱、激情、快乐、舒适、感恩、兴奋、愉悦。这些情绪使我们的生命多姿多彩，反之则人生宛如黑白片。它们带来了活力和动力，少了它们，我们可能会毫无生机，甚至枯竭。

爱

如果不具有爱的成分，很难想象人类能够拥有健康的人际关系。你可以把爱这个字仅用于伴侣和直系亲属身上，也可以将它用于好朋友甚至亲密的同事之间。爱的内涵如此广泛，它主要由以下部分组成。

- 你相信朋友的生活和幸福与你自己的一样重要。
- 你非常喜欢和朋友在一起，分享各种体验和想法。
- 你有兴趣更多地了解你的朋友。
- 你向朋友寻求安慰和支持，而当他需要的时候，你也为他提供类似的情绪力量。
- 你会致力于解决可能会伤害关系的困难。
- 你们的互动是互惠的。

当你爱一个人时，你会想靠近对方，从他和你们的关系中感受到温暖和爱意。各种神经递质都与爱有关，包括催产素、雌激素、催乳素和加压素。当你在与他人的关系中体验到爱时，你可能会更健康，活得更久，因为免疫系统更喜欢爱而不是孤独。

快乐

你可能会说，你越爱一个人，你们关系中的快乐就越多。很难想象爱上一个人却不喜欢和他共处。当你和喜欢的人在一起时，你的大脑会分泌多巴胺，从而产生愉悦感。药物也可以使大脑产生多巴胺。事实上，如果你在关系中没有体验到快乐，你就可能会滥用药物或在其他方面成瘾（赌博、性）。在对老鼠进行的实验中，研究人员发现，与接受可卡因相比，母鼠更喜欢给幼鼠喂奶，而在幼鼠断奶后，母鼠选择可卡因的可能性则会大大增加。

当人际关系很愉快时，你可能对此并无疑问，会认为这种快乐是理所当然的。随着快乐逐渐减少——你甚至可能没有注意到它正在减少，因为满足感是熟悉和习惯的产物——你可能会花更少的时间在你们的关系上，不再一起从事那些曾经给你们带来乐趣的活动。快乐感降低使你们参与的共同活动越来越少，从而导致快乐感

　　　　　　　　　为什么你总是缺乏安全感

就更少了。因此，使人感到快乐的关系是要努力经营的，就像通过锻炼来保持身体健康一样。快乐不会从天而降，至少蜜月结束后就不会了。你需要反思一下，找到在与对方相处的时间里你最享受的事儿，并确保你们有时间一起去做。当然，你的部分快乐来自你能给伴侣带来快乐（互惠的关系存活力最佳——所有关系都是如此）。

如果一段关系中的快乐指数很低，那么你就可能需要考虑一下快乐在你生活中的位置了。你是否过分强调成就，以至于几乎没有给快乐留下空间？你是否总是强调拥有一个一尘不染的家，只是给别人留下好印象？或者一直执着于为未来做准备，而忽视了享受现在的生活？如果是这样，请反思一下为什么对你来说忙于生计、害怕麻烦或和别人攀比会如此重要。你是否觉得只有成功了人生才会有价值？你是否认为必须不惜一切代价去避免失败、错误或别人的不认可？这一切是否来自匮乏？无论是经济上、心理上，还是关系上的。

如果快乐通常不是你的一个优先事项，那么请考虑在生活中给予它一个更突出的位置！留出几个小时或是几天，单纯地享受生活。反思你内心深处的快乐来源，为这些快乐来源创造空间，甚至进一步扩大它们带给你的快乐。

如果你很享受你们的关系，但朋友或伴侣却与你的感受相反，那么你的内心可能会感到很挣扎。这也许会使你缺乏安全感，并怀疑你们之间的关系能否长久。在上述安玛丽和布伦达的例子中，安玛丽开始怀疑布伦达对于两人的共处时光可能并不像她那么乐在其中，这让安玛丽对这段关系产生了失望、生气和嫉妒等负面情绪。

由于这本书的主题是健康的人际关系，所以我们也要考虑一下如何增加关系中的快乐。与对你很重要的人分享（旅行、欣赏电影或音乐剧、外出就餐或探索附近的公园）时，你会享受到更多的积极体验。与独自体验相比，与他人分享学习、发现和成就会得到加倍的快乐。即使仅仅是简单地体验伴侣的快乐，也会给自己的快乐增加一个维度，这是用任何其他方式都无法获得的。

承诺

无论你如何珍惜和保护你与伴侣的快乐时光，它们也不会一直存在。这里就需要"承诺"的登场了。（有些人可能不认为承诺是一种情绪，但它肯定与人际关系的积极特征有关，故在此处讨论。）在人们感到困难、无聊，面临冲突和分离的时期（这是所有关系中周期性存在的现实），承诺会使人产生安全感，因为我们知道，无论目前的冲突如何，这段关系都会持续下去。爱并不依赖于不断的享受，而承诺会带着我们经历人生的高低起伏。

　　承诺要求你走出眼前的冲突、距离感和不和谐，记住积极的过去体验并对美好未来作出预期。承诺提醒你何以爱你的伴侣，让你了解你们的关系比冲突更重要。承诺让你明白，没有低谷和受伤感觉的关系是不存在的。同时，承诺也会告诉你，当一起渡过难关时，你们会因共同的努力而变得更强大，你们之间的关系也会如此。

热情

　　关系同样可能包含热情。热情通常会出现在性爱和浪漫时期，也可能是其他时候——当爱的感觉强烈时，或者当你为一个凝视、一个手势、一束鲜花或干净的水槽而忽然感动时。有时和伴侣在一起，你会突然感觉到自己是多么幸运，也许你们两个同样幸运，因为你们拥有如此独特的爱情体验。

　　当涉及伴侣（当然也包括孩子）的整体幸福时，你对伴侣的热情可能会在强烈的关心和保护中体现出来。你会毫不犹豫地将伴侣的幸福置于自己的幸福之上，并感受到与伴侣的高潮和低谷一致的强烈情绪，伴侣的生活仿佛就是你亲身经历的一样。这就是热情。

感激

有时候，在那些意想不到的时刻，当朋友或伴侣为你做了一些体贴和慷慨的事情，或是为你提供了安慰和支持后，你便会对他心存感激。或者，伴侣可能送了你一件有意义的礼物，代表了当你们分离时他有多么想念你。又或者，当你意识到无论你表现如何，那个人都会永远陪在你身边，你对他的感激之情便会油然而生。

感激是一种温暖而舒适的情绪，表明你意识到伴侣对你和你的生活有多重要。当你注意到伴侣也因为有你在身边而感激时，你会更加欣喜若狂。当你体验到伴侣的感激之情时，你会觉得自己就是内心深处所自我期许的样子。

爱与被爱：互惠的终极

你可能认为，找到一个爱你的人你就会幸福。如果是这样，那你就错了。相对地，你也会想要对方期望并接受你的爱。被爱，但没有机会回报爱，会让你们的关系随着时间的推移而变得不稳定。伴侣会因为单向的、没有回报的爱而疲倦，而你的爱未被索取或看重，单向

　　　　　　　　　　　为什么你总是缺乏安全感

被爱的状态也让你疲惫不堪。爱人但不喜欢被爱的人，不会放心地去依赖他人，因为他们知道，如果寻求并享受被爱，一旦失去这段关系，他们将无法承受那份痛苦和脆弱。而那些只想被爱却不想爱人的人，可能对自己缺乏信心，不知道自己身上有什么是伴侣想要的，害怕主动爱人会被拒绝。他们可能更喜欢被爱，因为依赖一份关系，被伴侣关心照顾，让他们觉得仿佛又回到了童年。

你可能会注意到，在一些关系中，一方更像父母的角色，而另一方更像孩子。一方喜欢付出爱和表达爱，另一方则喜欢被爱的体验。在一段时间内，可能是几年，这样的模式可能会相安无事。偶尔，一方可能会想念被爱的感觉，而另一方则会怀念付出并被接受爱的感觉。但随着时间的流逝，一方可能会对对方感到恼火。通过整合多年的新经验和与其他人的关系之后，成年人往往都会发生改变。扮演父母或孩子角色中的一方可能会对原本的角色感到不满，并开始寻求一种互惠的关系。当双方同时感到不满时，他们之间可能会转化为一种更加互惠的关系。如此一来，两人都可以享受爱和被爱、给予和接受、安慰和被安慰、诉说和倾听。在这基础之上，互惠分享和轮流分配变得更平均了，这正是健康人际关系的特征。

人际关系和消极情绪

我们每个人都希望人际关系中只包含积极情绪，永远没有消极情绪。有时，我们非常努力地使之成为现实，只允许自己看到关系的积极方面，希望消极的方面消失。然而，当我们忽视消极情绪时，它们往往会潜伏在幕后，一旦突然出现，破坏力会更加强烈。更好的选择是处理好我们的负面情绪，理解它们，以改善关系而非伤害关系的方式处理好它们。现在，我将介绍几种最常见的消极情绪，它们都对健康关系带来了挑战。

羞耻与内疚

多年来，心理学家对羞耻和内疚之间的区别意见不一，这两个词经常被互换使用。难怪我们也经常将两者混淆，从而忽略了羞耻和内疚之间的重要差异以及这些差异对健康关系的影响。首先，请分别考虑它们。

羞耻

- 出现在婴儿 / 幼儿期，先于内疚发展。当羞耻感很小并且关系得到修复时，内疚感就会产生。
- 羞耻感来袭时，你会体验到自我感，即你是谁的整体感受。

为什么你总是缺乏安全感

- 羞耻感给人一种坏的、毫无价值的、无望的、不值得爱的感受。
- 只专注于自我，对对方觉知甚少。
- 促使你逃避"真相"，在因撒谎、文过饰非、责备、找借口以及无法逃避而变得愤怒时起着重要作用。
- 体验时会引起普遍的、剧烈的痛苦，而且趋于持久。为了防止所述情况发生，你会运用策略来逃避痛苦。
- 妨碍内疚的发展，干扰共情的意识，而共情正是内疚的核心意义。

内疚

- 在不受普遍羞耻感阻碍的情况下，内疚会在人类两到三岁之间发展并具雏形。
- 内疚是个人行为中，与懊悔、后悔有关的情绪。
- 它使你觉得你的行为是错误的。
- 聚焦于对方以及你的行为是如何影响他的。
- 使你承认自己的所作所为，道歉，并通过后续行为修复关系。
- 造成的痛苦比羞耻轻；当关系得到修复时，往往会减少或结束。

长期的羞耻感会让你很难建立健康的人际关系，而内疚则会促进健康的人际关系。你甚至可以说内疚有保护关系的功能，而羞耻有保护自我的功能。所有的关系都涉及问题、错误、误解和冲突。内疚的情绪让你意识到你的行为可能伤害了伴侣和你们的关系本身。内疚的痛苦往往是相当温和的，它向你发出信号——你可能给伴侣造成了痛苦，并激励你修复你所造成的伤痛。你的内疚感和随后的行为改变可能会让朋友或伴侣对你重建信心，让他们相信你对他以及你们之间的关系是忠诚的。对方知道你已经为你的错误和所造成的痛苦承担了责任，他可能会更加信任你和你对这段关系的承诺。

　　相反，羞耻与你对自己的感觉有关，将你与伴侣及你们的关系区隔开来。羞耻是一种如此痛苦的情绪，以至于儿童或年轻人很快就建立了复杂的防御机制来抵御羞耻的体验。说谎通常是一种基于羞耻的行为，羞耻的力量如此之强，让人甚至对自己撒谎。为了逃避耻辱的痛苦，你可能会拒绝承认你的所作所为伤害了你和朋友的关系。

　　因此，务实的内疚感可能是你们关系的礼物，而羞耻则是负担。当你减少了羞耻感，你就为内疚的发展留下了空间。问题是你如何做到这一点。

　　如果你被羞耻感所困扰，很有可能是在童年的社会

为什么你总是缺乏安全感

化过程中，父母在向你传达对与错的区别时发生了问题。

如果发生以下任何一种情况，那么羞耻感可能会显得有点过头了。

- 管教严苛过度。
- 用孤立和明显感觉到的拒绝来管教你。
- 父母在管教后未修复和你的关系。
- 父母经常批评你的想法、感觉和愿望，而不是针对你的行为来评价。
- 你认为所受的创伤都是你自己的错造成的。

减少羞耻感的最好方法就是反思，以下是一些需要思考的问题。

- 你童年犯下的错误或受到的管教是因为你是一个坏孩子或不可爱的人吗？
- 你必须是完美的吗？
- 为什么要为自己的想法、感受和愿望感到羞耻？
- 错误是学习的机会还是失败的标志？
- 你是否认为自己是个好人，而且已经尽了最大的努力？

练习五·羞耻

反思一件让你感到羞耻的事情。写下你对以下练习的反应，可能会有帮助。

- 描述羞耻的感觉、相关的想法和身体的感受。
- 反思在该事件中可能触发羞耻感的因素。
- 想一想那些使你感到羞耻的事情，尽可能具体地说一说你做了什么，以及别人怎么评价你或你做的事。
- 反思在你行为背后的原因中，哪些和羞耻无关。
- 区分你的行为和你对自我的感受。
- 如果你的行为影响了他人，那么请以修复关系为目的，向他承认这一点。

为什么你总是缺乏安全感

反思羞耻可以减少它对你心智、想法的控制。羞耻感使你不断寻找借口、责备朋友、最小化问题，甚至欺骗自己；当你们之间遇到困难时，你不是生自己的气，就是生朋友的气。知道自己可以犯错、从中吸取教训、向朋友承认并改善关系是自我的一种解放。现在，当你犯了错误后，有了真实的内疚感，你就能处理它，并尝试修复关系。

当朋友或伴侣只希望解决令他困扰的行为，而并想羞辱你时，反思并减少羞耻感会更容易。也许你的行为可能会受到批评，但你本人依旧会被接纳。当你知道你们的关系足够牢固、足以承受冲突时，你个人的羞耻感也会减少，你可以安全地解决这些问题。

此外，当向伴侣诉说自己很糟糕、毫无价值感时，如果伴侣能够只是带着同理心去倾听，那么将极大地帮助你减少羞耻感。请你的伴侣不要向你一再重复你是一个好人，当你感到羞耻时，不太可能相信这样的评论，你会抗拒他，甚至可能会做更糟糕的事情来证明自己是对的。他只需要用同理心来承认你的羞耻感就可以了，比如向你说："每当你犯了错误，你就会觉得自己一文不值，这一定很难受，你对自己太苛刻了。我很遗憾你认为自己毫无价值。如果你现在很痛苦，就请向我倾诉，我会听的。"当有人对你的羞耻表达报以同理心时，你就会开始怀疑你基于羞耻的自我认知，并开始接受一种可能性，即你的价值比你通常对自己的认知要高。

失去

当你逐渐了解一个人，并享受与他在一起的时光时，他便成为你生活中的一部分，与你喜欢的活动和兴趣相联结，并会影响你如何定义自己——"我是苏的伴侣""我是约翰最好的朋友"。如果对方是一个依恋对象，你就会开始向他寻求安慰和支持，依靠他来帮助你处理压力、做出艰难的决定，还会跟他分享那些不会轻易向普通朋友透露的秘密，呈现出自己脆弱的一面，尤其当面临失去这段关系时，你会表现得更加脆弱。如果你的朋友似乎要后撤，或者你们之间的关系真的要结束了，你有可能会感到被拒绝或被抛弃。当某人在你的脑海和心中占据越来越重要的位置时，如果此人去世或选择离开，你会感到空虚、悲伤，甚至绝望。一段健康的关系在存在时会带来深刻的意义和快乐，也必然会在失去时带来深深的难过和悲伤。

你可能会发现，接受失去的现实知易行难。如果失去（死亡、离婚或其他形式的分离）是你依恋关系的历史中的一个重要经历，那么你可能很难拥抱爱，因为你非常清楚失去的痛苦。当面临不可避免的失去时，你可能也很难相信，你的关系会持续足够长的时间来使一切变得值得。反思一下过去失去的经历可能会对你有所帮助。如果你的父亲很少花时间和你在一起，你可能一开始就认为自己缺乏父亲所喜欢的特质，认为不可爱是你的错。通过反思，你很可能会意识到，你父亲在与你母亲、其他亲戚和朋友以及他所有孩子的关系中都面临着同样的问题。你可能在与父亲的关系中体验过深深的耻辱，当你以后面对与朋友的冲突、分歧和分离时，你同样可能会感受到羞耻。反思这个过程，辨识你所出现过的羞耻感，这会帮助你抑制这些感觉，同时对朋友的积极互动持开放态度。

预见到关系可能会结束，动辄因失落而受伤，会让你经常处于消极情绪的边缘，比如焦虑、悲伤和愤怒。如果经常纠结那些失去的不确定性，或者陷入可能结束关系的事件无法自拔，你就不会真正享受关系，也不会对人与人之间的关系感到满意。习惯性地对关系的坚实度感到不安，可能反而会降低它。如果对失去的痛苦太过恐惧，你甚至可能会刻意逃避有意义的关系，认为关系不会持久，而关系结束后强烈的痛苦会压倒拥有关系时短暂的快乐。在上述安玛丽和布伦达的例子中，安玛丽出于对失去关系的恐惧，让布伦达对他们之间的关系感到不满意，反而导致关系更有可能结束。如果安玛丽能够反思她的恐惧，与布伦达谈谈她的看法，并相信布伦达的回应，那么关系将会更加稳定地持续下去。

否认失去不是良方，沉湎于痛苦也非良策。依恋关系为生活提供了深刻的满足感和快乐，而一旦失去则会导致痛苦的发生。固守关系，否认失去的可能性，或者为了逃避失去的现实而回避所有关系，都不是令人满意的策略。前者指向前面介绍过的焦虑型依恋模式，而后者则与抗拒型依恋模式相似。

最好的方式是接纳——接纳健康关系所带来的深刻意义和快乐，也接纳没有什么是永恒的这一事实。当关系结束时，接纳痛苦。关系结束是一种必然，不在死亡之前发生，也会在之后发生。爱与失去并存。

是的，当你寻觅并获得爱，当你珍视爱并围绕爱组织你的生活时，你就已经将自己置于巨大痛苦的边缘。即使你坚信你与伴侣的关系至死不渝，死亡也仍会结束它，正如你需要接受死亡才能懂得珍惜生命一样，接受失去爱才能懂得真正珍惜爱。深爱伴侣会让你接受失去伴侣的可能性，并把共度的每一天都当作生命中的最后一天（当然，这被认为是老生常谈，但事实确实如此）。

发展中的关系

　　在你和另一个人初识后，两人都想知道在所重视的事情上彼此是否相契合。如果是，则关系继续；如果不是，就各奔东西。在关系最初的几周和几个月里，不确定性、误解和分歧会慢慢出现，而这仅仅是个开始！

　　随着你与某人的关系进一步发展，这个人对你来说越来越重要，你的焦虑情绪也会变得越来越多。你可能会对拒绝、差异或冲突更加敏感。此时，你会更脆弱，如果关系结束，痛苦则比关系刚开始时大得多。随着情绪愈加强烈，拥有调节情绪的能力就变得更加必要了。

　　当另一个人对你越来越重要时，你可能会感到不安全，直到你确定你们之间的关系是变好了还是变坏了。随意的友谊不会引起这种不安全感，因为无论由于何种原因结束，你们的关系都不会重要到让人担心。是的，在一段越来越重要的人际关系发展的过程中，它很可能会使人产生一些焦虑。焦虑有多严重以及你如何处理它，取决于你过去和现在的众多因素。但焦虑可能会一直存在，无论它隐于幕后或是置于台前。同样来自上面的例子，如果安玛丽能够对她与布伦达的关系有点信心（无论是好是坏），那么在面对关系中普遍存在的压力时，她就可能不会产生如此强烈的负面情绪。当关系从偶然的相识开始往前推进时，焦虑便如影随形，一直到承诺的产生，两人都认为关系比冲突更重要，焦虑才会减少。

矛盾的情绪

当关系对你来说变得越来越重要时，它肯定会与更加多样、复杂和强烈的情绪联系在一起。在日常的一周中，当你与潜在的小伙伴建立关系时，你可能会感受到兴奋、希望、热情、愉悦、愉快的期待和喜爱。同时，随着朋友在你的生活中所处位置的改变，你可能会感到焦虑、悲伤、沮丧、愤怒、羞耻和内疚。那么，为什么消极情绪会和积极情绪同时出现呢？造成这种情况的原因有以下几点。

被评价的体验

当关系正在发展，且还没有做出承诺之时，你无法逃避这样一个现实：你正在被评价，就像你正在评价对方一样。正如之前讨论过的，人往往会在被评价时，变得有点防御性，意识到需要保护自己。这必然使人在想到或是在关系中互动时，处于轻度或中度紧张状态："她对我所做的事怎么看？取悦她的最佳方式是什么？那是个错误！她对我很失望。"这样的想法使人难以在

　为什么你总是缺乏安全感

关系中放松，感到被接纳，以及保持开放和联结。

关于人际关系技巧的自我怀疑

在被评价的前提下，你会怀疑自己处理关系的能力。你的任何行为都可能会被曲解，比如被视作自私的、不敏感的，或是缺乏交往技巧的。

对伴侣行为的消极感知

随着关系变得越来越重要，你有可能对对方行为的目的保持警惕。对失去的恐惧可能会给你带来消极的感知，因此如果对方真的退出关系，可能不会对你造成太大的伤害。当你以消极动机去解释对方的行为而导致冲突时，对关系的不安全感同样会破坏关系。当安玛丽因为布伦达心情不好而烦恼时，她的苦恼可能与她假设布伦达生她的气有关。

误解和意见分歧

当你逐渐了解另一个人，并和他发展为比普通朋友更深的关系的时候，你们之间肯定会发生误解和分歧。这些可能会给你们的关系带来一些压力，尤其是在你或对方都不承认的情况下。如果这些问题得到了处理，可以被人接纳，那么误解也会得到解决（理想情况下）。

意见和分歧需要被了解，才能知道是否会对关系构成威胁。冲突也需要被理解和处理。如果要保持关系的安全，修复关系的能力（详见第七章）是至关重要的。然而，这种修复的努力本身往往也伴随着焦虑，可能还有愤怒、羞耻或内疚。

从理想主义到现实主义的过渡

在认识一个人的早期阶段，我们倾向于用玫瑰色的眼镜看待事物。对方的积极特征看起来繁花遍地，而消极特征则被视而不见，即使有也被最小化了。当现实来临时，你和对方都会产生怀疑。你和伴侣需要面对现实，在这样的情况下，你知道你们现在的关系并不安全，而你们双方都要判定对方渐渐冒出来、不太吸引人的特质是否会成为以后分开的原因。

减少独立性

关系丰盛了你的生活，你会努力深化它并确保其持久。然而，关系也给你的独立性带来了一些限制——那些在你以前的生活中不必负有的责任。把对方的愿望、兴趣和计划融入你的生活中，必然会涉及一些协商和妥协，这需要你放弃一些你可能喜欢做的事情。你愿意妥协的程度，以及你对可能得放弃、削减的事情的重视程

为什么你总是缺乏安全感

度，将影响你从关系中所获得的是否将多于所放弃的。

愤怒

当你处于关系中时，愤怒是另一种容易见到的情绪，尽管它并不总是出现。在生活的大部分时间里，你可能是一个举止温和的人，但当处于重要关系中时，你会发现自己经常处于愤怒的状态。当你开始更关心另一个人时，你会发现自己却更频繁地对那个人生气。这是怎么回事？下面是一些答案。

控制关系的需求

愤怒往往反映了焦虑、自我怀疑和羞耻的脆弱情绪。如果你认为你们的关系没有安全感，你可能会因为预感到要失去对方而变得脆弱。如果这种感觉变得习惯和强烈，你很可能会发现自己正在试图控制朋友或伴侣的行为。你的安全感似乎与让伴侣做你想让他做的事有关。只要他以这种方式行事，你就能体会到此人在乎你、对你们的关系有所承诺；当他不这样做时，你会认为这个人不关心你、不敏感或者自私，你对他来说根本不重要。当你觉得对方违背了与你那心照不宣的约定，并没有按照你以为的那样以某种方式表现出关心且履行承诺时，你就会感到生气。

在与照顾者的关系中极度缺乏安全感的孩子往往控制欲很强。他们希望事情按自己的意愿发展，如果不是，他们往往会生气。当他们觉得自己对父母来说不够重要，愤怒是他们管理这种焦虑的方式，以期待获得自己会被照顾的安全感。如果你发现自己经常因为伴侣做了一些你希望他不要做的事情而生气，那么，你很可能和那个没有安全感的孩子一样感到了焦虑。同时，你的依恋关系受到了威胁。

家庭暴力是重要关系中最极端的愤怒形式，往往源于害怕失去、被拒绝，从而导致个人无法反思、讨论和解决问题。一个人体会到的不安全感可能是习惯性的、强烈的，基于他赋予伴侣行为的意义，而与伴侣赋予该行为的意义毫无关系。伴侣可能没能去商店帮他买他想要的东西，他把这种健忘的行为解释为伴侣不再关心他，甚至以为伴侣和别人出去玩了。而一切都只是因为忘了带零食回家！当这种不安全感和随之而来的愤怒愈发强烈时，人通常是在与羞耻作斗争。无论伴侣说什么或做什么，他总是怀疑自己对伴侣来说是否有足够的吸引力。他怀疑自己是否值得被爱，无论伴侣做出什么保证，他都不相信爱是真诚和持久的。

家庭暴力是愤怒和控制欲的极端形式，体现出两人之间的联结方式，以及想控制伴侣及自己的愤怒却失败

　　　　　　　　　　为什么你总是缺乏安全感

时心底隐藏的脆弱感。如果你能够反思并与伴侣沟通你对关系的焦虑，那么控制愤怒的努力可能会成功。如果你不能认识到你愤怒的根源来自你在关系中的脆弱感，那么你可能会在伴侣及其行为中找到理由来为你的愤怒辩护。这让你相信伴侣应该为你的"愤怒问题"负责，如果他按照你的要求做了，你就不会生气了！

最好做到以下几点：

- 辨识可能潜藏在你愤怒之下的不安全感。
- 承认它们，并反思它们可能来源于过去的依恋关系，以及与之相关的失落、羞耻和孤独情绪。
- 和伴侣讨论这些问题，探讨在目前的关系中是什么导致你产生不安全感和疑虑的，并寻求解决办法。

如果你认为自己有"控制欲"的倾向，那么可以考虑这样一种可能性，即这与其说是一种性格特点，不如说是一种应对关系中不安全感的表达方式。

解决冲突和差异的困难

你是如此温文尔雅，以至于时不时地对伴侣爆发出的强烈愤怒，会使你感到困惑甚至害怕。这可能表明你在处理冲突和分歧方面有困难，并倾向于逃避、不去想，希望它们会简单地消失。或者，你会留下一些微妙的暗示或建议，来表明正有什么事情在困扰着你，却没有说清楚它是什么、有多令人困惑。在这种情况下，你被伴侣的行为所困扰并不意味着你有控制伴侣的需要，而只是表示，向他说出你的困扰让你很不自在。

当伴侣的某些行为困扰你时，能够清楚地进行沟通通常被描述为自信。而能够自信地表达出你的愿望、想法、偏好和看法，仅仅反映出你相信你和伴侣在关系中是平等的，你没有必要只是遵从伴侣的意愿。如果你们两个意见不同，那么你的自信反映了你的信念，即承认这些分歧是存在的，而你们应该以一种开放和平衡的方式进行讨论。你的愿望不会比伴侣的愿望更有（或更没）价值。自信使人能够坦然面对与伴侣之间的差异，并清楚、开放地说出来，对整合所有关系中存在的冲突和差异大有帮助。当然，这需要双方都能够坦然地表现出自信。

如果你很难做到自信，那么你会为了使自己的偏好在关系中占据一席之地而向对方发射微妙的信号，暗示他你想要什么，并诱导其采取行动。如果他不这样做，那么你可能会在不需要他主动改变个人偏好的前提下，寻找其他方式来实现你的目标。一旦失败，你就有可能

为什么你总是缺乏安全感

陷入被动和听天由命的状态。在关系中放弃了个人偏好的你，甚至会因为伴侣的自私行为而勃然大怒。

最后，需要注意的是，你们关系中的愤怒困扰很可能与男女在关系中的期望差异有关。从人类社会的历史发展上看，男性的偏好往往优先于女性的偏好。女人被认为应该顺从男人的意愿，而不需要理会自己的；或者，即使她表达了自己的意愿，也应该接受由男人来决定谁的偏好优先。

在考虑上述愤怒的两个方面时（对关系的不安全感、解决冲突和差异的困难），你可能会认为这些因素与性别差异紧密相关，而并非你和伴侣之间的特质。如果你是男性，当你发现自己想要控制伴侣，而她却没有按照你的要求去做时，你会非常生气，这可能反映出这样一种假设，即你的愿望应该优先于她的，而她却太一意孤行了。而事实上，她可能只是想要对你们两个的愿望进行开放和平等的探索。如果你是女性，并且很难自信地说出自己的偏好，这可能反映出以下假设，即你的愿望应该比伴侣的愿望优先级要低。如果在你们的关系中出现了这两种可能性中的一种或两种，那么，你很难在不诉诸愤怒的情况下处理差异。

练习六·生气

反思关系中让你生气的一件事。

1. 描述生气的感觉、相关想法和身体感受。
2. 尽可能具体地说明对方在你生气之前做了什么。
3. 对于对方为什么会这样做，你有什么假设？
4. 想想对方行为的其他可能性。
5. 想一想，在你的愤怒之下，还有什么其他情绪（悲伤、焦虑、羞耻、失落）。
6. 为了更好地解决问题和修复关系（如果需要的话），考虑一下你可能会以何种不同的方式表达愤怒。

为什么你总是缺乏安全感

情绪能力的特征

到目前为止，在这一章中，我已经概述了几种关系中常见的积极情绪和消极情绪，以及如何应对它们的方法。为了加深理解，下面请你记住情绪能力的三个重要特征。

了解你的感受

这可能比你想象的要难。多年来，由于许多原因，你可能已经养成了不注意自己感受的习惯。当你还是个孩子的时候，父母可能会告诉你某些感受是不可接受的：愤怒可能是自私的表现，害怕可能被视为不成熟，怀疑可能是你缺乏安全感的信号，悲伤可能意味着软弱，骄傲可能一直都是自负的标志，喜悦可能是天真，爱可能是依赖。当然，上面的说法可能有多种版本。

如果在你的童年时代，你的个人感受被评判以对或错，那么现在，你可能依旧会以对或错来评判自己的感受。你可能会养成不去注意自己"错误"感受的习惯，你会说服自己远离它们。你可能会因为产生某种感觉而羞耻，然后逃避去想它，而永远不知道它对你的生活意味着什么。如果你习惯性地评判自己的感觉，那么你往往不会知道自己的感觉是什么。即使你感知了它，你也不太可能知道它为什么会出现、意味着什么。感觉代表了你对生活中的人、事、物的体验，是这些事物背后意义的信号或线索，妄加评判通常会干扰你接收它们试图告诉你的关于伴侣、事件或某个客体的信息。

对于情绪能力而言，明智的做法是养成一种习惯，接受你所拥有的任何感觉，而不去评价它。接受它并不意味着你必须采取行动。相反，你应该注意到它，好奇它从哪里来、意味着什么，并问问自己，它是否暗示你应该继续还是要改变你所计划的行动。

如果你隐约觉得放松或不自在，明智的做法是，保持对这种感觉的觉察，让心智漫游，看看那些浮现的情绪能勾勒出什么。进一步的反思可能会让你更清楚为什么你会感到积极或消极，这种新的觉察会引导你采取最符合你利益的行动方案。这种不可名状的感觉有时被称为"直觉"，与试图采取理性的方法、分析各种事实相比，用直觉来判断可能是一种更好的选择。

沟通你的感受

当你以一种开放和明确的方式向伴侣表达你的感受时，你必须将情绪与反思能力结合起来，以便让你的伴侣能够理解。因为沟通情绪知易行难，所以下一章我们将学习如何掌握沟通的技巧。使你的感受合乎伴侣的理解和观点，这将防止他们受到来自你过去的假设、恐惧和怀疑的影响。

在表达你的感受时，明智的做法是自己当它们的主人。与其说"你让我生气了"，不如说"我对你生气了"。

另一个较好的做法是，你可以跟随伴侣的回应，改变自己的感受："现在我更了解了，我知道我的愤怒为时过早。"

更好的方法是，在你了解伴侣的观点之前抑制这种感觉的发展："谢谢你帮助我理解，之前我不明白你为什么这么做（因为我不明白，所以我没有过早地生气）。"

此外，明智的做法还包括考虑沟通感受的意图——是为了证明自己是对的，而伴侣是错的吗？如果你觉得伴侣伤害了你，你也要伤害他吗？是为了清晰地表达你对伴侣及其行为的感受，而让对方做出回应吗？如果你感受到出现了问题，那么，沟通的目的是修复关系吗？当你对他和你们的关系有积极正向的感觉时，沟通是为了让你们更亲密吗？沟通感受对你们关系的影响往往取决于你沟通的初衷。

管理你的感受

将反思能力与情绪生活结合起来，是迄今为止管理情绪最有效的方法。如果你对自己的内心生活有了清晰的觉察，对伴侣的内心生活也就有了切实的理解，你的感觉更可能是基于当前的环境，而较少受到来自过去的假设、怀疑和记忆的影响。反思功能为你的内心生活提供了语言，使你能够清楚地识别和表达你的感受。通过一起回顾你们的历史、你和伴侣对未来的目标和梦想，整合反思和情绪生活，你能够对正在发生的事情看得更清楚。反思你的情绪反应能力，可以防止你在极端情况下孤注一掷，使你能够抑制对某一事件的情绪反应，从而发展出一种考虑全局的情绪能力。

为什么你总是缺乏安全感

练习七·积极情绪与消极情绪

1.你对积极情绪感到舒服吗？有时，由于我们过去的羞耻和失落，我们无法接受和享受积极的情绪。如果你在接受积极情绪方面有困难，你需要思考以下几点。

- 你对爱一个人和被爱感到舒服吗？或者你喜欢单方面付出爱或接受爱，而不是两者兼而有之？
- 你对伴侣为你做的事心存感激吗？或者这会让你觉得自己太脆弱？
- 你能自在地接受快乐和热情吗？还是这些感觉会引起内疚或羞耻？
- 你对兴奋感到舒适，还是感到焦虑？

2.你能适应消极情绪吗？

- 害怕会变成恐惧吗？
- 悲伤会导致绝望吗？
- 生气会引起愤怒吗？
- 消极情绪是否让你觉得自己很坏或自私？

掌握
有效沟通

为什么与和我们有重要关系的人沟通如此困难？我们很了解自己的朋友或伙伴，我们有很多共同点，也有相似的目标。考虑到关系中的这些优势，难道我们不应该以它们为基础，来轻松探索彼此的想法、感受、差异和梦想吗？有时，我们对自己和伴侣的想法反思不够；有时我们的情绪变得强烈，并优先于反思；有时，我们会回避某些话题，即使是在亲密关系中，我们与伴侣没讨论过的话题也不胜枚举；而有时，我们根本没有充分思考我们的沟通，以及沟通对发展、深化和维持重要关系的重要性。

　　那么，现在就让我们来探讨一下有效沟通的本质、价值和挑战，以及如何改善沟通。

　　　　　　　　　　　　为什么你总是缺乏安全感

有效的沟通是相互的

　　所有有效的沟通都是相互的。当一个人说话时，另一个人倾听，然后对他说的话做出回应；第一个人听完第二个人的回应，然后再回应他所说的。这个说—听—说或听—说—听现在已经完成，除非第二个人需要再澄清、想介绍另一个相关主题，或想表达不同意见。沟通要想有效，就必须是完整的。如果任何一方在第一个主题完成之前就开始了另一主题，那么两人都会对本以为已经理解或同意的内容感到不确定。

　　这种相互的沟通模式也在出现在亲子间，即使孩子不说话也能做到。当婴儿做出一个表情，在不到 0.15 秒的时间内，父母会立刻回以相似的表情，而 0.15 秒后婴儿又回应。他们正在分享体验，当父母回以与婴儿的情感表达相匹配的相似表情时，婴儿知道父母理解了他，并正在做出回应。父母的回应取决于婴儿的表情，而非独立于孩子的随机行为。丹·斯特恩是一位颇有影响力的婴儿人际关系发展理论家和研究者，他多年前就研究过这种模式。他指出，这种匹配是根据强度、节奏、节拍、重音、形状和持续时间而进行的，并伴随着面部表情、声音变化和节奏、手势、姿势和时机而发生。这种沟通是非语言的，但婴儿和父母都知道他们参与其中、对彼此很重要。他们彼此关注，并且围绕特定的体验分享着喜悦和快乐——无论这种体验是因对方而欢喜，还是为了一个色彩丰富的音乐玩具而开心。

受到忽视或虐待的儿童——无论是身体、性、情感或语言方面——往往不善于与成年人进行这种相互对话。他们通常不参与这些有趣和愉快的前语言对话，当他们长大后，也不能很好地参与语言交流。许多孩子很少说话，只是听大人说。有些孩子不停地说话，但却不理会成年人的回应。另一些孩子无法聚焦重点，谈论着许多看似无关的事情，使成年人无法将注意力放在他想要讨论的事情上。还有一些孩子虽然可以围绕轻松的主题进行相当连贯的交流，但很难就压力事件或他们所做的错事进行交流。

如果孩子在成长过程中没有被鼓励和培养，那么许多即便没有受到虐待的孩子也仍然没有有效沟通的习惯。"小孩子有耳无嘴"是一句早已过时的俗语。然而，孩子与父母之间许多开放、直接、清晰和诚实的交流被认为是不尊重父母的表现。我们可能会告诉孩子，如果他们对我们所做的事情感到生气，那么可以直接告诉我们，但是若他们提高声音并在面部表情中表现出愤怒，他们就有麻烦了。然而，用一种安静、友好、放松的声音来表达愤怒是模棱两可、令人困惑的。这可能被

　　　　　　　　为什么你总是缺乏安全感

认为是不诚实的，因为愤怒不是这样表达的。如果你告诉孩子，他们对你表达愤怒被称为是不尊重的，而你对他们表达愤怒却被称为管教，他们应该对你的愤怒负责，这可能会让他们感到非常困惑。在亲子关系中，当涉及愤怒的表达时，通常没有什么平等可言。

另一种类型的困难是，一些成年人在与他人沟通时，难以在说话和倾听之间交替。有些人异常安静、不善言辞，而另一些人则在唱独角戏，对别人说的话毫无兴趣。

相互沟通需要开放和联结的心态，这是前面讨论过的。如果你是防御性的，你主要专注于保护自己的观点和行动计划，不愿意受到他人观点的影响。当你开放并联结时，你的心智快速来回于两个焦点：第一是你向对方讲话时你的内心活动，第二是与你沟通时对方的内心活动。这是一个快速的过程，因为在你沟通的同时，你也在觉察你的沟通对对方的影响，你通过观察对方的非语言表情来衡量。事实上，对方的非语言表达会影响你对自己内心活动中的意识，影响你正在反思的记忆。你们越了解彼此，就越有可能在这种流动的、同步的方式中相互影响。

案　例

　　本和凯西说过晚上要去看电影。那天下午，他们讨论着他们的计划。

　　本：我没找到任何我们喜欢的电影，所以我预订了牛排馆。

　　凯西：我真的很想去看电影，不如和我坐下来再看看有哪些选择吧？

　　本：那是浪费时间。我知道没有我想看的东西。

　　凯西：我们先看一看上映中的片单，再决定吧。

　　本：我已经预订了餐厅。

　　凯西：如果我们真的出去吃饭，我不想再去牛排馆了。

　　本：好！到时候你决定吧，有什么想法再告诉我。

　　在这个例子中，本认为沟通的唯一价值就是将他的决定告诉凯西。当她说要一起决定如何度过这个夜晚时，他变得具有防御性。

　　如果对话是如下版本该有多好。

　　本：我知道我们说过今晚去看电影，但是我找不到想看的电影。你现在有空吗？我们一起查看一下都有什么影片在上映，看看有什么想法。如果没有，我们可以出去吃饭。

凯西：我现在有空。（他们浏览了当地电影院放映的八部电影的介绍。）我同意，也没有我想看的。你想去哪里吃饭？

本：我想去牛排馆。

凯西：我对经常去那儿有点厌倦了，寿司怎么样？

本：意大利菜吗？

凯西：意大利菜可以，但不要去第三街那家。

本：好。我听说市政街开了家新餐厅，要我预订那家吗？

凯西：听起来不错。

在第二个场景中，本给凯西留下了参与决策的空间。有时候，讨论事情时只是缺少彼此轮流的机会。

在下面的例子中，杰克想谈谈工作上的改变，但他不想听亚伯的想法。

杰克：约翰决定在计算佣金时采用新公式，我认为一点也不公平。

亚伯：他确实问过我们的意见，而且……

杰克：这会让我们在销售时很难拿到奖金。

亚伯：约翰提到了这一点，他说……

杰克：他永远有借口——他说那是理由——好让他自己的日子更轻松。

亚伯：我想他想要做得公平，但是有点过头了，他……

杰克：我想看看如果我们少干点，他要怎么办。

亚伯：我猜他会想知道……

杰克：你为什么总是站在他那边？你是不是私下和他有什么交易？

在这样的"沟通"中，几乎没有互惠的东西。在这里，杰克只是想让亚伯听他的，并同意他的观点。

杰克对亚伯的观点不感兴趣，当然也不会给它们留下影响自己的空间。这种情况一旦发生在一次讨论中，很可能也会发生在其他讨论中，同样也很有可能的是，亚伯退出这段友谊。

相互的交流应该是这样的。

杰克：约翰决定在计算佣金时采用新公式，我认为一点也不公平。

亚伯：他确实问过我们的意见，给我们详细说明了改变的利弊。你回应他要的反馈了吗?

杰克:我才不要白费力气呢。我觉得那是浪费时间……他已经下定决心了。

亚伯:事实上,他让我和他谈谈我的一个担忧。他做了一些调整,然后我对计划的那部分很满意。

杰克:他真的认真听了,还做了一些调整?

亚伯:我觉得是啊。我很乐意给新公式一个机会。他说我们两个月后再看效果。

杰克:我想我之前没想那么多。我可能对老板做出影响我的决定过于敏感了,所以我甚至不会注意他决定了什么,以及他是否想要我们的意见。谢谢你,亚伯。

说出心中所想

为了有效地与朋友或伴侣沟通,你需要清楚完整地表达自己的想法。当你告诉朋友一些你想让她知道的事情,并以为她知道其余的事情时,误解经常会发生。基于你们相处的过往,你假设对方理解了你的意思。然而,她却认为你在讲别的事,并按照自己的假设行事。所以,在处理类似情况时,我们最好多花几分钟去把事情了解清楚,而不是根据错误的假设行事。

简有时会在下班后和同一项目组的同事蒂芙尼、丽塔一起去酒吧。与丽塔相比，简与蒂芙尼有更多的共同之处，但她对这两人的喜爱程度是一样的。有一天，简为自己的身体状况感到担忧，她知道蒂芙尼的姐姐过去曾处理过这个问题。她迫切需要一些建议和信息，但又不想让办公室的人知道。因此，上班时她问蒂芙尼当天下班后是否有时间去酒吧，蒂芙尼回应说她很乐意。后来，蒂芙尼遇到了丽塔，便邀请她一起去。当看到丽塔和蒂芙尼一起出现在酒吧时，简感到非常失望。她想谈谈自己的烦恼，但又不想让丽塔知道。她什么也没说，后来带着不满离开了。蒂芙尼和丽塔看到简退缩、不愿说出困扰，觉得既困惑又失望。

如果简告诉蒂芙尼她有心事想和她单独谈谈，那么这个问题就可以避免。简以为既然她没有提到邀请丽塔，蒂芙尼就不会在没有先征求简意见的情况下带她一起去。蒂芙尼只是认为，由于她们三人总是一起出去，而简只是忘记了告诉丽塔；或者，简按照惯例认为蒂芙尼会邀请丽塔一起去。如果简告诉蒂芙尼，她有心事想私下和她讨论，或者蒂芙尼问简是否想让她去邀请丽塔，这个误会就可以很容易地避免。

我们越了解朋友或伴侣，我们就越容易假设对方对某事的想法、感受，想要或会说什么。随着我们假设的增加，我们在重要事项上沟通不畅或根本不沟通的可能性也会增加。有时，我们通过语言进行沟通，但由于忽略了非语言，因此无法进行完整的沟通。

你可能会告诉伴侣，你觉得下周末去参加城里的艺术节这个主意不错。然而，你只是顺便提到它，就像你评论说你看到了一只有趣的鸟或喜欢某种咖啡一样随意。伴侣虽然注意到你对艺术节有积极的看法，但由于你提到它时如此漫不经心，所以他没能把它与你想去的程度联系起来。如果你生动、兴奋地说，他就知道你有多想去了："我看过下周末艺术节的信息，它看起来真的很棒！今年有两三个新节目，我想去看看。这可能是这么多年来最棒的一届艺术节。"

生动和详细的表达方式，会清楚地传达出你有多想去艺术节。如果有疑问，你可以补充说："我看了天气预报，周六会是晴天，但周日可能会下雨。我想星期六去，你想一起去吗？"

想要什么，直接说

　　有效沟通的另一个要素是清晰和完整地向朋友或伴侣说出你想要的。你可能常常以为朋友知道你想要什么，不需要你开口要求。换位思考一下，如果朋友不知道你想要什么，而你认为他应该知道；那么，你可能会因为朋友没有预料到你没有说出口的愿望而生气。

　　当你和朋友熟识已久，一起经历过很多相似的事件，我们有理由假设朋友应该记得一些对你来说很重要的事情。如果有那么几次，还没等你开口，他就为你做了某事、对你说些什么或者给了你想要的，你的假设就被强化了，你认为他会一直考虑你的愿望。然而，有一天，你的朋友因为心事缠身，忘了做你期望他做的事。你可能会很生气，认为对方是自私的，只活在他自己的小世界里。而你，绝对不会忘记对他而言重要的事情。你甚至会想，也许你们的关系对朋友来说已经不像以前那么重要了；当然，对你来说也没那么重要了。所以你稍稍退缩了一下，以为这样会传达出你所感到的失望或恼火，而他则会道歉并纠正错误。然而，朋友也许没有注意到你和他的关系不如平时那么密切，也许认为这不是他造成的。你本想通过退缩来提醒朋友他是如此健忘，而这却没有被他注意到！本质上，你再次没有明确

为什么你总是缺乏安全感

提出你想要什么，即要你朋友看到他的健忘——就像你第一次没有明确说出你想要什么一样。

◦⋯⋯ 案 例 ⋯⋯◦

　　凯特和詹妮弗成为亲密伙伴已经好几个月了。凯特喜欢周末出去玩，而詹妮弗则喜欢待在家里。通常凯特会建议她们在周六或周日去某个地方，詹妮弗也总是同意去。凯特意识到她是那个总在提议的人，所以她决定不这样做，而是等詹妮弗建议出去。她等了三个周末，但詹妮弗从来没有问过她。凯特越来越恼火，因为她认为詹妮弗肯定知道自己周末想出去玩，所以她应该主动提出，而不是总是等自己提出来。凯特觉得过去一直是自己比较主动，但现在詹妮弗明明知道外出对她有多重要，却从不主动提出，这让凯特感到很恼火。又过了一个周末，凯特表现出了她的恼火，而詹妮弗实际上并不知道凯特为什么生气！当凯特告诉她时，最后加了一句："但你应该早就知道的！"

　　如果凯特一直继续外出，并问詹妮弗是否也想去的话，她就可以避免这个问题。如果她觉得这太单向了，好像她总是求詹妮弗陪她去什么地方，那么她应该清楚地将这一点传达给詹妮弗。对话可能是这样的：

凯特：詹妮弗，我知道你似乎很少建议我们周末出去玩。几乎每次都是我主动请缨。我开始觉得也许你跟我出去只是在配合我——你其实宁可不出门，是出于义务才陪着我的。你会不会因为我的要求而为难？你宁愿待在家里吗？

詹妮弗：谢谢你问起这件事，但是我对你总是采取主动没有意见。你说得对，我常常比你更喜欢待在家里。但我知道出去对你很重要，所以我很高兴和你出去。如果我真的想整个周末都待在家里，我会告诉你的。

当你或伴侣在你们的关系中总是主动的一方时，这段关系就有可能变成单方面的，为双方提供乐趣变成了主动一方的责任。不主动的一方经常说："我真的不在乎我们做什么，我很乐意做你想做的任何事情。"从表面上看，这似乎是利他的（做伴侣想做的事），但实际上，这可能会成为伴侣的负担，总是不得不想出一些让你们双方都可以做的事情。但是，只有当双方都有贡献时（兴趣、想法、热情和能量），关系才会蓬勃发展。为你的日程留出一个位置，你可能会惊讶地发现伴侣会

为什么你总是缺乏安全感

感激你。

在健康关系中进行良好的沟通，重要的是要记住以下几点：

- 直接说出自己想要的并非自私行为。
- 当伴侣不知道你没说出口的要求时，他并不自私。
- 不直接说明自己想要什么，就相当于把主动的责任推到伴侣身上。
- 说出自己想要什么，可以让你为你们之间的关系贡献自己的一分力量。

将非语言表达与语言表达相匹配

正如迄今为止多次提到的，如果希望沟通有效，就需要明确表达自己的想法。模棱两可无疑会增加误解和不必要的争论的风险。提高明确性的最佳方法之一，是在语言和非语言沟通之间保持一致。

当谈到需要更有效的沟通时，你很可能会忘记非语言的表达和沟通。研究发现，我们大多数的社交和情绪沟通都是非语言的，而不是语言的。如果这是真的，那么双方都使用非语言沟通方式，且非语言沟通与语言陈述一致，就显得非常重要了。

一旦你开始通过短信、电子邮件和语音邮件进行沟通，你就开始在沟通中引入更多的歧义，从而增加了误解的危险。原因不仅仅是因为这种沟通过于简化，更重要的是它缺乏伴随口头陈述的非语言沟通。只要你以清晰一致的方式发挥非语言表达的力量，面对面沟通便能够更有效地促成准确沟通。

以下是三个非语言沟通的反面例子，它们无助于获得本书希望读者拥有的健康人际关系。

- 你可能难以向朋友或伴侣表达愤怒，因此，当你告诉别人你对他生气时，你可能会微笑或轻声说话。这可能会导致他低估你对他行为的强烈感受，他可能不会像你想的那样认真对待这件事。表达愤怒时，最好用在各种文化中都通用的词语、面部表情和声调。虽然有些人认为表现出愤怒的表情是不尊重、粗鲁或有攻击性的，但根据我的经验，这些印象只归因于语言本身而已。

- 你对即将到来的事件感到焦虑，但在朋友面前只是轻描淡写，还开了玩笑，试图让自己变得轻松。朋友不知道你正在经历恐惧，不会主动提出陪你一起参加活动，也不会表现出其他支持你的

为什么你总是缺乏安全感

迹象。你对朋友感到失望，因为她似乎对你的痛苦（你的非语言表达如此隐晦）漠不关心。由于她不知道你需要帮助，这导致你只能独自处理情况，从而增加了你的焦虑。

- 你完成了一个对你很重要的项目，焦急地等待着结果。当伴侣问你为什么看起来有心事时，你漫不经心地告诉了他。当你的项目被接受时，尽管你已欣喜若狂，但不想让他觉得你在吹牛，就以一种就事论事的方式谈论它，随后却因为似乎没有人对你的成功感到高兴而失望。但事实上，伴侣的反应符合他所觉知到的你的反应，因为你呈现出来的远不及你的真实感受。

在这三个例子中，由于缺乏或不一致的非语言表达所导致的沟通的歧义，他人误读了事件对你而言的重要程度。当非语言表达和语言表达之间保持一致性时，沟通就会更加清晰。一旦缺乏一致性，在评估沟通的意义时，我们更倾向于相信非语言表达而不是语言表达。以就事论事的声调和平淡的面部表情来表述某些我们重视的事情，可能会让朋友或伴侣意识不到它对我们的重要性。相反，当你以愤怒的表情和声调表达你并不介意某事时，则会使朋友认为你很生气，而且事出有因。

为什么我们不以非语言方式更清楚地表达我们对事件的体验呢？以下是几个可能的原因：

- 因为非语言表达可以非常清楚地揭示你的想法和感受，所以你会更容易暴露。
- 你的兴奋之情表露无遗却无人响应，会使你感到失望，并深受伤害。如果你表现出骄傲，别人又可能会认为你太过自负。
- 如果你表现出悲伤或害怕，而其他人似乎不在乎，甚至嘲笑你的软弱，你就会觉得很受伤。
- 当你生气时，别人却认为你很自私，你会觉得很受伤。
- 你可能从小被教导要克制自己的反应，保持谦虚。
- 你可能更喜欢隐藏你的情绪，因为非语言交流比语言更能流露出情绪，所以你避免使用非语言表达。

虽然在与陌生人或熟人交往的情况下，这些原因背后的动机可能是合理的，但它们可能会损害你更深层次的关系。健康的人际关系包括分享重要想法、感受和愿望，相信对方对它们感兴趣、接纳它们，并会以最适合的方式参与进来。当用与你的内心活动相匹配的非语言表达来支持你的话语时，你会被更好地理解，并体验到更深的亲密感。

为什么你总是缺乏安全感

练习八·非语言沟通

这个练习有助于你探索非语言沟通的重要性。

- 找两个朋友和你一起做这个练习。
- 想一个有趣或幽默的故事和朋友分享，故事长度约 4 分钟讲完。
- 开始把你的故事讲给朋友听，并要求他认真倾听。
- 1 分 15 秒后，让第三个人说"停止倾听"，这时你的朋友看着地板，对你的故事不做任何非语言的回应。
- 再过 1 分 15 秒，让第三个人说"再次倾听"，这时你的朋友看着你，用非语言回应你的讲述，直到你讲完。
- 告诉朋友，当他不去倾听的时候，你讲述故事的体验如何。反思这种体验对你的想法、情绪、动机，以及故事本身和你所注意到的事情产生了什么影响。
- 换你倾听朋友讲故事，重复以上步骤。

区分事实与体验

将一种情况的事实与你对事实的体验清楚地区分开来，至少有两个理由。

首先，当你清楚地表达你对事实的体验时，你正在传达事实对你的意义。这会告诉对方这对你有多重要，以及为什么重要；而朋友或伴侣也会知道该如何回应你所在意之处。如果你漫不经心地提到你在外出购物时遇到了一位老朋友（事实），而不表达你是否兴奋、焦虑、悲伤或充满回忆，你的伴侣就不会知道这对你有多重要，自然也就无法呼应你的兴致所在。如果你没有提到你的体验，而你的伴侣主动询问，那么你告诉他之后他就会知道了。但他也有可能会改变话题，因为他在想别的事情，没有停下来思考这件事对你来说是否重要。直接告诉他你对这件事的体验，会使事情的重要性变得毋庸置疑。

其次，当你把你对某个人或事的体验当作事实来表达时，如果这并非你的朋友或伴侣的体验，那么，他们可能会变得具有防御性或百般挑剔。例如，如果你告诉伴侣，你因为她不想去看你的妈妈而失望，她可能会很生气，因为你没有在事先询问她原因的情况下质疑了她拒绝的动机。更好的办法是直接问她为什么不想去

　　　　　　　　为什么你总是缺乏安全感

看你妈妈。如果你认为她的理由可能只是部分正确，她似乎不想去看望你的妈妈，那就用问句而不是肯定句来表达。你可以用"我在想，你是不是不太喜欢去看我妈妈"，来代替"你就是不想去看我妈妈"这种说法，对方的防御心理可能会减小不少。

你的体验只是你的体验。如果你愿意开放自己，按照朋友所告诉你的重新体会，那么你的表达就不太可能在关系中制造问题。如果你把自己的体验当作事实来表达，就更有可能引起他人的愤怒和防御性的反应。

解决冲突

迈克尔和南希已经同住三年了。他们的关系陷入了困境，但他们也不知道为什么。也许他们不适合彼此，也许对方对这段关系失去了兴趣，也许对方正在寻找自己无法给予的东西，或者……也许他们两人难以进行有效的沟通。好的人际关系甚至绝佳的人际关系往往也会因为沟通失败而结束：过度、扭曲和不足。

练习九·体验与事实

以下哪些句子是在表达体验或事实？又有哪些把体验当作了事实？

1. "我觉得你是想让你弟弟难过。"这与你的体验有关。

2. "你想让弟弟难过。"这是把你的体验当作事实。你真的不知道这个人是不是故意让弟弟难过的。

3. "你惹你弟弟生气了。"这描述的是一个事实，你的弟弟生气了，却没有传达任何关于他动机的体验。

为什么你总是缺乏安全感

案　例

周六早晨，南希因为迈克尔没有做他分内的家务而沮丧。这不是第一次了，他没做的次数比做的次数多。他们处理此情况的不当方式可能如下。

情景 1

南希：在去道格家喝咖啡、聊运动、度过"哥们时间"之前，你能打扫一下客厅、餐厅和车库吗？一旦你到了那里，你就什么都忘了，总要到出发去妈妈家之前才会和我会合。

迈克尔：我没那么糟吧。反正没有咖啡我什么也做不了。我最多一个小时就回来。

南希：（皱眉，恼怒的语气）你总是这么说！

迈克尔：（面带微笑，声音轻盈，流露出小男孩的魅力）但这次我是认真的，亲爱的。

南希：哦，去吧。但请按你说的在一小时内回来。（他快速拥抱和亲吻她，她笑了笑。当她听到汽车驶出车库的声音时，她暗自发誓下不为例，并用力地将她收集的衣物扔进篮子里。两个多小时过去了，就在他们要去她妈妈家吃午饭的时候，迈克尔回来了，她几乎不跟他说话。到达后，他们都与她妈妈以及彼此互动，就好像什么都没发生过一样。直到下一次相似的对话和结果发生之前，他们都不曾谈起这个话题。)

情景2

南希：(在洗衣房的时候，听到迈克尔走进厨房)早上好！

迈克尔：(喝了点果汁后)我要去道格那里待会儿。在去你妈妈家之前，我会及时赶回来完成我的工作。

南希：好的！不要在那里待太久！(当她听到汽车驶出车库的声音时，她暗自发誓下不为例，并用力地把衣服扔了出去。)

情景3

南希：(在洗衣房的时候，她听到迈克尔走进厨房，于是边走进厨房边喊)你说过你会早起，会在我们去妈妈家吃午饭之前把所有的事情做好！现在你还有时间，但我不想让你去道格家！

迈克尔：你也早上好！

南希：我是认真的，迈克尔！你根本不把这当回事！

迈克尔：我只是想先喝点咖啡！

南希：那就在这儿喝吧！给你15分钟，然后我要听到吸尘器的声音！

为什么你总是缺乏安全感

迈克尔：我还没醒你就对我指手画脚了！如果你这么想听吸尘器的声音，那你就自己去干呗！

南希：我命令你是因为你没有足够的责任感，每次都要我提醒你，才会去做。

迈克尔：好像这是世界上最重要的事情！对我来说，花点时间和朋友在一起，比把房子打扫得一尘不染更重要！

南希：但对我来说不是！

迈克尔：你真是个卫生警察！我现在不打算处理这个！

南希：（当他走向门口时冲他大喊）你就是个没长大的孩子！

迈克尔：你又不是我妈！（砰的一声关上门）

情景4

南希在去找朋友吃早餐和购物之前，给迈克尔留了一张纸条。纸条上写着："我和朱莉一起出去了，在去妈妈家之前会回来的。因为上周我帮你做了家务，所以请你在做完你的分内工作后，把我的家务也一起干了，在打扫完厨房、楼上浴室和卧室后，别忘了洗衣服。待会儿见！"

当迈克尔起床时，他看了纸条，很生气，然后朝道格家走去。当南希回到家，看到家务一点没做时，她就独自去了妈妈家。那天晚些时候，他们又聚在一起吃晚饭，忽视了那天早上彼此体验到的、未说出口的愤怒的想法和情绪。

这些迈克尔和南希的情景故事表明，当他们面临问题时，伴侣之间的沟通往往是无效的。在第一个情景中，迈克尔尽量淡化冲突，而南希跟随之，或许她希望通过再次示好，使迈克尔会心甘情愿地做她想让他做的事。在第二个情景中，他们都否认问题的存在，直到迈克尔离开，南希则通过扔衣服来表达她的愤怒。在前两个情景中，冲突并没有在当天晚些时候解决。在第三个情景中，问题看似立即被处理了，但愤怒和防御性的情绪不断升级。愤怒可能会持续数小时，但冲突依旧没有被解决。在第四个情景中，南希为了避免进行直接交流，希望通过便条解决冲突，并试图对迈克尔前一周没做他那份家务进行报复，而迈克尔却用被动攻击的方式进行了还击。

如何进行有效的沟通，以使他们的每周家务问题得以有效处理，甚至解决？以下顺序可能在一开始就能成功地避免冲突，在冲突刚出现时迅速处理它，有助于处理后来出现的更大冲突。

步骤 1

决定什么对你来说是重要的，以及你们双方需要做什么来实现它。明确设定的目标及其重要性，以及你们各自将要做的具体事情。任何意见、分歧都需要被了解和接纳。如果事情不容易解决，那么就需要双方协商、妥协，制定一个彼此都满意的计划。这种早期的沟通需要彻底（涵盖所有问题）、互惠（双方都表达自己的想法并倾听对方的想法）和清晰（双方都清楚自己想要什么）。

当迈克尔和南希开始同住时，也许曾坐下来讨论过应该如何共同承担日常家务。最好的计划是让他们弄清楚有哪些家务活（在这种情况下，拉个清单还是很有效的）、双方对每项家务的优先级、需要做的频率、由谁来做，以及何时和如何做。

如果南希认为浴室应该一直保持干净，而迈克尔却对独居时家里总是乱糟糟的一笑置之，那么南希需要清楚地表明她是否可以忍受一团乱，或是申明整洁对她来说至关重要。如果他们对浴室需求的优先级别不同，南希或许应该去负责打扫浴室，而迈克尔来清洁客厅和餐厅。如果迈克尔笑着说，清洁对他来说并不重要，甚至可能不会注意到房子是否脏了，那么南希就需要清楚地传达这对她有多重要，以及让迈克尔分担打扫房间的责任对她有多重要，即使这对迈克尔来说不是一个优先事项。如果迈克尔不同意做他的那份家务，不管那有多公平，他都应该明确地说出来，然后向南希提出另一个选择。

步骤 2

计划制定并实施后，在第一次出现问题或冲突时，双方进行有效的沟通是很有必要的。如果一方认为另一方没有做到其承诺的事，那么他需要了解对方为什么没那么做。或许对方是有理由的，并表示下一次会把事情处理好；也许对方想要重新协商。不管是什么原因，这种沟通的目的是在必要时调整最初的协议，以达到关系中双方的目标。

回到南希和迈克尔的例子，假设在最初协议签订的2周后，南希注意到迈克尔从未打扫过客厅和餐厅。她把她的观察表述给他，等待他解释为什么没有做家务。迈克尔回答说，他本是打算做这件事的，只是后来忘了。有几次，他确实记起来了，但还是将家务放一边，去做他喜欢的事。南希清楚地表明她有多在乎房屋整洁，同时也很重视他负担起自己的清洁职责。迈克尔表示理解，并同意尽他的一分力量。他们共同探索该如何做才能确保家务按时完成。迈克尔决定在每周同一时间做家务，好让自己不再拖延；他选择了星期六的上午。南希说她也会在同时做自己的那份家务，以帮助他记起来，这样在完成家务后，他们就可以安排双方都想去做的事情。

步骤 3

尽管有最初的讨论和解决方案，但如果问题仍然存在，则需要再次探索，可能是在更深的层次上。现在需要探讨的问题不是最初的问题了（客厅和餐厅没有打扫），而是商定的事情没有执行。

在第二次讨论之后，迈克尔应该清楚地意识到南希有多看重他答应打扫房间一事，况且他还答应了两次。现在的问题是，为什么他知道这对南希很重要，却不履行对她的承诺。再次提醒，沟通必须彻底、互惠和清晰。

自上次沟通以来已经过去了 5 周，尽管南希依照约定一直在同一时间完成她那份家务，但迈克尔却没遵守约定，只打扫过两次房间。而在打扫卫生之前，他一直都在家，还去了朋友道格家一趟。

南希：迈克尔，我现在想谈谈你做家务三天打鱼两天晒网的事。自从 7 周前我们开始讨论这个问题以来，你只做了两次。

迈克尔：我知道。我需要像我说过的那样多做几次。

南希：迈克尔，你上次也这么说，这就是我不明白的地方。我很清楚地说过我有多看重这件事，你也很清楚你的承诺。现在我不确定你是不是在认真对待我的要求，或者是否听懂了我在意的是什么事情；甚至，我开始怀疑你对我的承诺是不是认真的。

迈克尔：我们只是在说打扫客厅和餐厅，这似乎不太重要，不值得上纲上线。

南希：迈克尔，这不仅仅是关于打扫房间，重要的是你是否会记住我在意的事情，而最关键的在于你是否信守对我的承诺，无论它们是什么。迈克尔，这些对我来说都是非常重要的，我认为对我们关系的健康发展也很重要。

迈克尔：我没想到我打扫房间对你这么重要啊。

南希：那我得说清楚点。对我来说重要的是，当我告诉你某件事对我很重要时，你会倾听；当你承诺要去做我看重的事时，我能相信你会真的执行。打扫房间并不重要，相信你会倾听并遵守承诺才是更重要的。

迈克尔：这次我听懂了。我真的很抱歉，我没有做到，下次我答应了什么就一定要做到。我可以坦诚地说，从今往后我一定会认真听你说的话，遵守对你的诺言。我知道你是善于倾听、说到做到的人。你值得同样的回报。我很抱歉。

南希：谢谢你，迈克尔。我真的很高兴我们解决了这个问题，你认真地对待了它。

修补和修复

健康的人际关系也会有问题，处于健康关系中的人也会犯错。蜜月结束了。我们知道，对吧？对。但问题是，当错误和问题逐渐暴露在阳光下时，我们该怎么办？如果一看到这些现实，我们就断定关系本身是个错误，然后逃之夭夭，那么我们就不可能拥有健康的人际关系。如果迹象再现，我们如鸵鸟一样把头埋在沙子里，视而不见，我们的关系就不可能产生真正的安全感并健康发展。如果这些现实被夸大了，我们很可能会忽视我们关系中积极和正向的一面。

　　人们都喜欢关注关系中可爱的、愉快的和令人满意的方面，而不太关注错误和问题，但若想管理和减少问题，则必须正视它们。如果要滋养关系中最有意义的成分，我们就需要直面其中令人不快的因素。急于在所有事情上达成一致，很可能会进入一种幻想的关系，反而缺乏真正的健康。因此，我们需要面对困难，在必要时修复关系，并在真实人性的基础上建立健康的关系。

依恋理论的研究者逐渐意识到，安全依恋型婴儿的父母并非能够完美地预期他们的每一个需求，并在他们表达时立即做出回应。事实上，当父母过分地专注于孩子的每一愿望以使孩子不会感到任何痛苦或不快乐时，这些孩子往往会发展为焦虑型依恋。安全型依恋的孩子的父母则是易接近的、敏感的、反应灵敏的，同时也会犯错误，他们在婴儿的反应中注意到该行为是错误的，然后修改该行为，直到他们全部做对，关系得到修复。有安全感的婴儿知道父母会在犯错后改正、会在分离后回来、会在冲突后重新联结，因而发展出信任感。

是的，在你的依恋关系中，你们双方都会出现错误，也会发生分离、冲突、误解，有时伴侣根本没有注意到一些对你很重要的事情，或者你没有注意到对对方很重要的事情。在关系的早期阶段，你可能不会注意到这些关系的"裂痕"，因为你习惯性地感受到亲密的积极体验。有时，你可能会选择不处理它，因为担心冲突会过早地伤害关系。你说服自己：反正这个问题不重要。当开始注意和解决问题、错误、分歧和误解时，关系就进入更深、更现实的阶段。你相信问题不会使你们的关系结束。

所以，犯错吧。无须刻意为之，它们会自然地出现。但是，当确实犯了错误、确实存在分歧或误解时，请解决这些问题！你们的关系会深化，每个修复行为都能让你更好地处理未来的问题。

几年前，一对渐行渐远、生活在习惯性的紧张和疏离中的夫妻来找我治疗。男士固执地回避了所有的冲突，当伴侣试图解决这些问题时，他变得孤僻、被动，始终逃避。当这种模式在治疗中得到解决时，他的伴侣对他说："你说你爱我，但我没有体验过。如果你爱我，你就得愿意和我吵架！"殊不知，这一说法与该男士从父母那里获得的所有依恋知识相矛盾。他的父母想要一个乖孩子，要绝对服从，从来不能反对他们。他认为为了表达对父母的爱，他就必须始终同意他们的意见并做他们想做的事。当伴侣说要吵架才能让她体验到爱时，他惊呆了！

本章着重于修复所有亲密关系中不可避免的问题。健康的关系并非没有上面提到的各种裂痕。在健康的关系中，伴侣会接受裂痕，解决它们，修补它们，使关系得到不断修复。把这件事做好，你们的关系会更加牢固。

为什么你总是缺乏安全感

案　例

　　托马斯是一名成功的律师，他建立了自己的律师事务所，并希望有一天他的儿子蒂姆也能加入。蒂姆知道自己成为一名律师对爸爸是多么重要，在他小的时候，他以爸爸希望和他一起工作为傲，甚至在游戏中也会扮演律师的角色。上学时，他一到暑假就会去爸爸的公司打工。后来，他申请了法学院并顺利被录取了，一切都按计划进行着。

　　开学前的那个夏天，蒂姆和一些朋友去西部山区救火。他爱上了这片土地，尤其是群山，以及悠闲的生活方式。他决定留下来，冬天在滑雪场工作，因而推迟了法学院的学习。但是他难以向爸爸启齿，更难以面对爸爸的反应。爸爸宣称蒂姆背叛了他，说他忘恩负义、自私、不成熟。蒂姆惊呆了，带着困惑和愤怒回到了山里。后来，他再也没去过法学院上学。

　　他经常回家，主要是看望妈妈、姐妹和过去的朋友。和爸爸见面时，他每次都很有礼貌、拘谨和疏远。他们没再讨论过他当律师的事，也没讨论过蒂姆的职业生涯：在科罗拉多州的一个小城市经营一家酒吧和餐馆，并在那里教滑雪课，他爱上了那个城市。

类似托马斯和蒂姆的故事屡见不鲜，在事情发生转折之后，双方的关系往往大不如前。这种情况在亲子、伴侣间都会发生。不知何故，冲突变得比关系更重要。冲突导致关系结束了，或者至少结束了曾经亲密无间的关系中的意义和快乐。一般来说，导致冲突的根源问题对关系中的至少一方具有重大的意义。

在上述例子中，托马斯深深致力于他的事业，同时也深爱儿子。在他看来，他对蒂姆的爱很容易联结到他对律师职业的热爱。他以积极鼓励和实际支持蒂姆当律师，作为爱的表现，也将此视为儿子回应爱的表现。他给儿子的礼物——在法律行业取得成功的捷径，代表了他对儿子的爱；儿子在爸爸的事务所里走上了成为一名律师的道路，这代表了儿子对他的爱。当蒂姆选择走另一条路时——在一个西部小镇上教滑雪并经营一家酒吧，托马斯将这一选择视为对他的拒绝，他给予了蒂姆一切，但是他的爱却未得到回应。在这种情况下，对于托马斯来说，选择律师这一职业成为他们关系的基础；而对于蒂姆来说，选择生活在西部这个更轻松的生活方式只是个人的选择，尽管这会让爸爸失望，但它与对爸爸的爱毫无关系。蒂姆做梦也没想到，选择在西部工作会给他和爸爸的关系带来重大问题。

想象一下，如果当托马斯发现蒂姆计划留在西部而不是攻读法学院时，他与儿子进行了以下对话。

托马斯：我还以为你一定会去法学院呢，你似乎对法律很感兴趣，决心要走这条路。我真的很期待有一天你成为律师，和我一起工作。

蒂姆：我知道，爸爸。我知道你有多期待我加入你的事务所，很抱歉让你这么失望。我以前从来没有想象过像今年夏天这样的生活。我感到如此自由、如此快乐，我只想留下来，看看它把我带到哪里。我以前从未有过这样的感觉，从未这么有活力过。我觉得我应该试一试。如果不成功，我想再回到法律界，我会接受现实。也许我自己就会发现，对我来说如此特别的东西不会长久。但我必须自己去发现，爸爸，真的。

托马斯：我听到了，儿子。是的，我很失望。我一直在想我们一起工作的事情，以为我的梦想就是你的。但现在我发现那只是我的梦想，蒂姆，而不是你的。你必须自己去发现，无论你做什么决定，我都会支持你。

蒂姆：谢谢爸爸。我知道无论发生什么，你都会在我身边。我很抱歉因为放弃学习法律而伤害了你，至少现在是这样的。

托马斯：是的，我受伤了，但如果你不像我那样热爱法律，我会更受伤。你需要找到你的热爱，蒂姆。

蒂姆：谢谢爸爸。我爱你。

托马斯：我也爱你，蒂姆。不管你是律师、护林员还是调酒师。这一切都并不重要。

如果希望关系能够持久且有意义，那么，关系中的双方就需要能够修复出现的冲突。修复冲突使关系能够获得纵深发展且更具价值，同时维持患难与共的特质。避免冲突可能会使关系继续下去，但代价是失去了深度和意义。避免冲突会导致一种虽然保持礼貌却浮于表面的关系、一种更适合普通朋友的关系。如果你想要更有意义的关系，那么你必须接受冲突并去修复它。

在本章中，我将列出你应该牢记的有关修补和修复关系的基本要点。

决定关系是否比冲突更重要

在冲突最激烈的时刻，当下的冲突让我们忘记了与朋友或伴侣关系的重要性，我们说出的绝情话或做出的伤害关系的事，远远超过了最初的冲突本身对关系的伤害。如果我们承认这段关系在我们生活中的重要位置，那么我们有可能试图去解决冲突，而不是加剧冲突。

当冲突似乎比关系更重要时，你可能要自问，这是否是因为你赋予了它过多的意义。如果伴侣没有和你分享一些困扰他的事情，这是否真的表明他不愿意依赖你，你的观点缺乏价值？或者，这可能意味着伴侣对待困难的方式有所不同，在向你或任何人表达自己的想法之前，想自己搞清楚？个性或解决问题的习惯差异，并不一定代表关系对伴侣的重要程度。

记住关系的重要性

当你能够体验到关系对你和伴侣有多重要时，你就有可能理解，任何冲突对这段关系来说都不算什么。当关系中的积极因素清晰、强烈且有意义时，消极因素就会有一个更容易处理和解决的环境。

当建立关系的初衷——分享想法和兴趣、喜悦、热情、欢笑，共同制订计划和目标——被遗忘或被视为理所当然时，冲突会更容易发生。不要忘记，你们的关系是你生活的重要组成部分。当你记住它对你的价值时，你会更有动力去解决出现的任何冲突。

记住，指责会适得其反

冲突来来去去，无论你们的关系有多牢固，你和伴侣都可能会有两种不同的观点。如果你们只有一个观点，那么这段关系的发展很可能是以牺牲你们都拥有的自主性为代价的。两种观点就是两种观点，并非一方对、另一方就是错。简单地接受你和伴侣对某些事情看法的不同，而不要试图去判断谁对谁错，这将能使你们俩减少重大的差异，而不会引发出于对正确的需要而产生的防御态度。

是的，如果你和伴侣有两个同样有效的立场，那么你更有可能以开放和联结的方式处理冲突，而不是防御——这意味着伴侣也不太可能想去防御。如果是这样的话，冲突更有可能会去平衡双方的问题，而不是产生"赢家"和"输家"。在重要关系中，如果你赢了，朋友或伴侣输了，那么你们就是双输。

不要否认或逃避：处理冲突

你可能会想，关系很重要，冲突并不重要，那为什么不忽略冲突，继续生活呢？要是它真的不是那么重

为什么你总是缺乏安全感

要，就好像你或伴侣起床时从对方的一侧下床了，那么这么说也没错。然而，冲突不会自己消失，试图忽视它会对关系造成比处理它所带来的暂时性压力更大的伤害。当冲突出现却没有得到处理时，你可能会发现，自己或伴侣会回避许多你们应该分享的事件、话题或活动，以防止可能的危险出现在日常生活中。然后你会注意到你们能分享或一起做的事情越来越少了。你还会注意到，你们在生活中都很警惕，因为害怕被一些可能会给关系带来压力的事情绊倒。

你可能会自问，为什么自己倾向于逃避或否认冲突？以下是我所知的几种原因。

- 你可能对关系的强度和承诺感到不安全。你担心关系难以承受冲突，因此，你选择了逃避冲突。
- 你可能对愤怒感到不舒服，所以要回避任何可能产生这种感受的情况。当你或伴侣表达愤怒时，你们的情绪往往会变得非常强烈，导致其中一方说一些违心的话。你可能会因为一时冲动而去威胁对方，然后发现自己陷入了难以预料的后果中。
- 当你开始处理冲突时，你往往会迷失方向。然而，一件事引出下一件事，很快你们就会面对每一个经年累月沉积下来的差异。

- 当你认为伴侣可能不同意你的观点时，你很难坚持自己的观点。你混淆了自信和自私。你倾向于自动地认为伴侣想要的比你想要的更重要。
- 你可能属于抗拒型依恋类型，这意味着你倾向于淡化生活中的情绪和人际关系，因此不会投入必要的精力来处理与这两者有关的情况。

不要无休止地重演冲突

相对于在关系中否认或最小化冲突，还有一种情况则是不断地沉浸在冲突中，一次又一次地重演，无休无止。一如习惯逃避冲突的人可能指向抗拒型依恋类型，以冲突为关系核心的人，可能属于焦虑型依恋类型。

你可能会问，为什么自己会倾向于一遍又一遍地重演冲突呢？以下是我所知的几种原因。

- 虽然你能够辨识出冲突，但当冲突开始时，你往往难以与对方充分讨论并成功解决。沟通冲突的压力会使得讨论仓促结束。
- 你可能会发现，当你专注于和伴侣的冲突时，你们之间的关系会有一种情绪活力，这种活力在冲

为什么你总是缺乏安全感

突之外是不存在的。接下来的任务就是找到能产生情绪活力的其他方法。

- 你、伴侣或者双方都有一个强烈的需求，那就是保持自己的绝对正确性，而不是去解决冲突。
- 你、伴侣或者双方都很难真正倾听对方的观点。你的防御性立场会让你很难开放地投入讨论。
- 如果无法和伴侣的想法、感受、优先次序达成完全一致，你就会对关系感到不确定，很难接受关系中的差异。

记住，行为的意义不止一种

认定自己知道行为背后的原因，通常会导致没有预料到的冲突。你可能坚信伴侣忘了给你打电话的约定，或者更糟的是，对方记得这事，但就是不想联系你，所以根本没打电话。那天晚上你见到了她，正准备表达你的愤怒，结果你还没张嘴，她就告诉你，她今天大部分时间都在急诊室陪她最好的朋友。你的愤怒与你认为她不给你打电话的消极动机有关，而不是不给你打电话这件事本身。在你知道真实的原因之前，为什么不先忘掉你对她行为的情绪反应呢？

一次处理一个冲突

当冲突发生时，马上就处理它，而不是等到下个月或明年。如果你遇到了冲突，却没有及时解决，那么最好的办法就是忘掉它。如果你在一个月后提起它，很可能你对它的记忆会朝着一个方向漂移，而伴侣对它的记忆会朝着另一个方向漂移。你们对所发生的事情，以及导致它发生的现实情况都难以达成共识。趁着你的情绪得到了足够的调节，你能够反思困扰你的事情，并且朋友的情绪似乎也得到了同样的控制时，最好尽快处理冲突。这时，你的情绪会引导你对事件进行反思，让你专注于眼前的情况。如果时间拖太久，你的反思可能会漂移到其他领域，变得过于抽象，而不是直接的、具体的体验。

当遇到冲突时，你需要单独解决它，而不是与其他五个冲突一起处理。当你和伴侣的关系中有一堆让你恼火的事情时，你可能会把它们组合在一起解决，而最终导致没有一件事情得到充分的解决，这种组合会让你和伴侣变得充满防御性并沮丧万分。如果你一次提出五个冲突，伴侣会关注你论点最薄弱的问题，或你最不在乎的问题，而最重要的问题则被遗忘，无法解决。与此同时，伴侣会感觉到你对他的任何事情都不满意，他很可能会因为无法取悦你而感到气馁。

为什么你总是缺乏安全感

错误发生：道歉就好

当处于健康的人际关系中时，你不会承诺永不犯错，永远不会自私、不敏感或不细心。你也是人，和朋友或伴侣在一起时也会犯错误。所以，如果犯错，就对他们承认错误，说你很抱歉。俗话说："爱意味着永远不必说对不起。"我强烈反对这一点。说抱歉表明你意识到你伤害了或可能伤害了朋友，同时也表示出后悔之情和修复关系的意愿。你的朋友对你很重要，你确实为你所做的事感到懊悔，并且决心不再重蹈覆辙。

如果你经常逃避承认错误，那么你可能会感到羞耻，好像那些错误意味着你本身有问题：并非说你做了一些粗心的事，而是说你本身就很粗心；并非说你做了一些以自我为中心的事，而是说你本身就是一个以自我为中心的人。当你为了自己的某种行为而感到羞耻时，你就不太可能承认它。相反，你会为此找借口，甚至责怪朋友在你错误的行为中扮演的角色，或者将其重要性最小化；当对方没有立即原谅你，你就会因为他没有原谅你而生气。所有这些行为包含着强烈的羞耻感。综上所述，承认自己犯了错误比羞耻地逃避要好得多。

你可能愿意说你很抱歉，然后坚持给出你的错误行为的原因。你解释说，你想让朋友理解你为什么会犯这个错误，这样她就不会误解你的动机，或者认为你的所作所为另有他意。然而，当你给出理由时，朋友很可能会把它们当成借口——你在为错误找理由，开脱自己的部分责任。因此，我的建议是：说抱歉，这样就好。你确实负有责任，而你的朋友现在必须衡量你的错误对于你们身处的关系意味着什么。如果她想更多地了解你犯错误的原因，她就会继续询问你。要是你主动进行解释，看起来就好像是在为自己找借口。

案　例

约翰度过了艰难的一天。他被堵在路上；忘记了工作中的约定，这可能让公司失去一个客户；把咖啡洒在新衬衫上；他的手机好像也丢了。那天晚上回到家后，他因为桑迪把车停在车道上而对她大喊大叫；他抱怨说这是他们这周第三次吃剩菜了；而当桑迪正在说今天遇到的有趣事情时，他径自打开了电视。

情景 1

桑迪：约翰，自从你进门后，就一直在对我发脾气。现在你还忽略我。你对我的方式让我很伤心。

　　　　　　　　为什么你总是缺乏安全感

约翰：对不起，但如果你知道我今天过得有多辛苦，也许你就不会因为我心情不好而抱怨了。今天一切都不顺利。

桑迪：你不告诉我，我怎么知道？

约翰：好啦，对不起。但我今天真的很辛苦。我想如果你知道，你会理解的。

桑迪：理解你为什么要让我今天也过得糟糕吗？

约翰并没说错，如果他没有在工作中度过如此艰难的一天，他就不会对伴侣如此易怒。但当面对桑迪的质疑时，他将两者混为一谈是不对的。他这样做，似乎是在为自己的行为辩护，同时把注意力从桑迪的痛苦上面转移到自己身上。在回应她的痛苦时，如果他承认是自己造成了痛苦，然后为自己的所作所为道歉，那么他会被更好地接受。他真的很抱歉，就这样。然后由桑迪决定他们对话的下一步：也许她想把故事讲完；也许她想知道他为什么对自己如此苛刻；也许她认为他对她的易怒代表了一种正在发展的行为模式，可能需要做进一步的探讨。

情景 2

桑迪：约翰，自从你进门后，就一直在对我发脾气。现在你还忽略我。你对我的方式让我很伤心。

约翰：（盯着电视看了 5 秒钟，然后关掉了）对不起，桑迪。你说得对，我今晚对你不太好，我真的很抱歉。

桑迪：听你这么说我很高兴。

约翰：你能不能再给我一次机会，告诉我今天工作中发生了什么？

桑迪：谢谢，约翰。感谢你这么说。但在我告诉你之前，你能告诉我你到底怎么了吗？你好像真的有心事。

约翰：当然，亲爱的。我想我应该在进门时就告诉你，而不是拿你出气。嗯，今天我几乎所有可能出错的事情都出错了。

在这个场景中，约翰反思了片刻，抑制了自己防御性的倾向。桑迪肯定式的评论是正确的——知道这一点后，他的主要动机是修复关系，而最好的方式则是说抱歉，真心实意地。桑迪随后接受了他的道歉，并开始讨论他的行为产生的原因，而非借口（知道原因有助于我们了解行为成因，表示他要为此负责并防止再犯；而借口则表示一个人无须为行为负责）。

通过越来越熟练地修补和修复关系，以应对即将到来的各种麻烦和挑战，你会收获更大的安全感、满足感、舒适感和快乐。当冲突被视为加强关系的机会，而不是关系持久性的威胁时，冲突就会减少，并且当冲突出现时，它们只会被视为关系的必要部分。我不是建议你拥抱甚至欢迎冲突，而是建议你接受它，开始修补而非闻之色变。

所以，总结一下，记住这些重要的预防冲突的技巧。

- 在你根据对伴侣行为意义的猜测而采取行动之前，请考虑一下其他可能的原因。
- 在你问他之前，保留你对他行为意义的猜测。
- 以开放的态度询问他的行为，不要带着评判的态度。
- 认真倾听他所说的行为原因。
- 如果你仍然对他的行为感到担忧，那么就清楚地向他表达你为什么会感到不安。
- 倾听他对你的担忧的回应，对他的观点持开放态度。
- 如果你还有顾虑，公开表达出来。记住，你们有两种观点，你不一定是"对的"，他也不一定是"错的"。
- 若分歧继续存在，鉴于这段关系对你们双方都很重要，请携手找到一条能满足双方需求的前进之路。

平衡自主
与亲密

自主型依恋模式是所有关系中能提供最大安全感、最令人满意，同时促进自主关系和亲密关系发展的模式。自主型依恋确保个人不会从关系中要求太多或太少，因而提供了安全感。如果一段关系的责任是为你的生活提供大部分的意义和快乐，那么它注定会失败。如果你的生活中没有多少有意义的关系，那么它们的意义和快乐也是有限的。当你把自主的生活方式带到人际关系中时，你们的关系、个人的兴趣和追求都会蓬勃发展。

　　所以，最重要的是在生活中、在自主性和亲密性之间创造并保持一种动态平衡。当达到这种平衡时，你会发现你对两者都产生出更多的精力和兴趣。在关系中，你的个人兴趣会更深入、更丰富，伴侣和亲密朋友的也会如此。自主性和亲密性并非相互竞争的，它们能够彼此支持并能够提升对方的价值。为实现这一平衡，需要牢记以下重要内容。

发展关系需要自主性

在本书中，我一直鼓励你思考是什么让你如此与众不同，内容包括你曾经的依恋史，反思和情绪的互补技能及活动，并将其整合运用于清晰的非语言和语言沟通中；当然，还包括发展和修复关系，使它们得到很好的维护。把所有这些放在一起，通过日常活动、追求和梦想，表达出你个人内心重视的所有品质。这种综合性的模式提升着你的自主性——生动地体现出你当下之所以是你自己的所有元素，同时觉察着你对未来的期许。

自主感包括你的运作感，指的是你寻求并实现目标的能力。你不是生活的被动接受者，你正积极地创造着它。自主是关系本质的一部分，也会影响你生活中的其他部分。然而，如果关系决定了生活的行动和意义，那么自主性就开始枯萎，你带给与你联结的人的东西随之变少，最后你们之间的关系也开始枯萎。

∘⋯⋯ **案　例** ⋯⋯∘

布莱克自从大约三年前与金突然分手以来，一直在寻找像雪莉这样的女性。现年32岁的布莱克独身后一直感到空虚，没有方向感。他以前热爱的事情——摄影、电影和古董——都失去了意义。但自从遇见了雪莉，它们又为他而活了。雪莉精力充沛，她对每件事都很积极，她喜欢自己所做的一切。除此之外，她成功、迷人、富有创造力。他还能要求什么呢？布莱克很快乐，比他记忆中跟金在一起的时光更快乐，也比跟安妮、罗谢尔或珍妮特在一起的时候更快乐。

"幸福"这个词概括了布莱克和雪莉在一起时的兴奋和喜悦，以及当他想到要见她并数着时间直到见到她时的兴奋和喜悦。当然，当他浏览自己花了一个周末的时间在户外寻找合适的光线和构图后拍的新照片时，他也感到很开心。但对他来说，那种快乐不像和雪莉在一起时那么强烈、那么可预测、那么重要。在过去的 18 个月里，他坚持每月的第一个周末都用来摄影。他会期待它，仔细计划行程，检查设备，然后在接下来的一周里研究照片，决定哪些拍摄数值得增加、如何裁剪以及冲洗装裱。当然，有时候一个月也没有一张值得装裱的照片，但那也没有关系。然而，这个月的第一个周末，他和雪莉一起在城里闲逛。当雪梨说她很惊讶他会打电话约她一起过周末时，他才发现自己甚至忘了这是他的摄影周末，而她也以为布莱克会带着相机去某个地方！

为什么你总是缺乏安全感

他们已经约会两个月了，雪莉说她下个周末要回家，所以那时他们无法见面。布莱克很失望她没有邀请他一起去，但他可以理解：这可能太早了，下次她会问我的。但两周后，布莱克开始感到焦虑——他邀请雪梨一起去看艺术展，但她提醒他这是他的摄影周末。他说他很愿意和她一起度过，而她却让布莱克坚持自己的日程，说她知道这对他很重要。起初，布莱克以为这表明了她对自己所看重的很敏感。但后来，当他再次邀请她共度摄影周末时，她再次拒绝了。她说她已经与朋友有约，希望他会全身心地投入到他的摄影中。他感到焦虑，也很生气。她怎么不先问他呢？他为什么不能自己决定怎么过周末呢？她也承认和朋友约会没有说定，而他有空，为什么就不能和他一起度过呢？

布莱克开始纠结于雪莉可能的动机，他的假设并不能让人安心。也许她对他失去了兴趣，也许他的占有欲太强了，也许她已经遇到别人了，也许她从来没有像他想象的那样喜欢他，也许她只是没有兴趣向他许下任何承诺……他还记得，与金结束关系之前，他也曾有过类似的担忧。事实证明，他的疑虑是有根据的。又发生了，不是吗？

是的，确实又发生了。雪莉注意到布莱克对她生气了，但最令她烦恼的是，他的焦虑似乎挥之不去，然后他似乎想让她承诺接下来两三周都和他共度时光。他的电话和短信似乎越来越频繁，当她无法快速回复时，他并没有等待而是又发了一条。在随后的信息中，她能感觉到他的沮丧。所以雪莉开始抽离，只是一点点。她告诉布莱克，她喜欢和他在一起，但她想慢一点。她说她希望布莱克会答应她的要求，因为她真的很喜欢他。但布莱克似乎更失望、更沮丧了。如果说有什么不同的话，那就是他想花更多的时候和她待在一起。所以雪莉变得更加坚定和坚持：在他们的关系中，他必须要让自己保持独立的空间。他生气地问道："为什么你总是关心自己想要的？为什么我想要什么不重要呢？"她不知道该说什么，她都快不认识布莱克了，或许现在她才真正认识他。当她结束这段关系时，她眼里含着泪水——为她曾经想象过的美好梦境而流泪，现在她知道这梦永远不会实现了。

发生了什么？布莱克的幸福、喜悦、兴奋、活着的感觉，一切都是真实的。这些感受很强烈，体验它们是如此愉快！他知道雪莉和他在一起时也有同样的感觉！她具备他想要的所有品质！她为什么改变了主意？发生了什么？

当他遇到雪莉时，他在摄影、古董和电影中所体验

　　　　　　　　为什么你总是缺乏安全感

的积极情绪都消失了。他所有的积极情绪都与他们一起做的事情有关。他觉得没有了这段感情，他的情绪生活如同贫瘠的土地。那些过去带给他自主感的东西，如今对他来说似乎没了意义，只有他和雪莉的关系才有意义。

还记得在第一章的表格中，那些在儿童时期表现出安全型依恋特征的人被认为在成年后会表现出自主型依恋吗？安全和自主，这些似乎是相反的品质。那为什么说它们代表了相同的特征，只是一个适用于儿童、另一个适用于成人呢？原因是，当孩子们表现出安全型依恋时，他们在很多情况下都能很好地独立运作。这样的孩子，当他们在与主要依恋对象的关系中感到安全时，就会学习依靠自己的内在资源来面对世界的挑战和机遇。安全型依恋的孩子在探索自己的世界时既安全又有能力。在和主要依恋对象分离时，他们正在磨炼对自己能力的信心，同时发展自己独特的兴趣和想法，培养自主意识。与依恋一词可能让人联想到的相反，安全的依恋关系不会导致依赖，而是根据眼前情况中出现的需求和条件，将独立和依赖融合在一起。无论是独处还是与重要的朋友交往，孩子都在培养这种能够使人产生深刻满足感和兴趣的能力，这两者并不矛盾。

对于布莱克来说，这种平衡并不存在。当他处于一段可能认真的关系中时，他无法保持自主兴趣和活动给他带来的意义感和快乐感。对布莱克来说，他活着并体验兴奋、快乐和满足的感觉似乎只存在于一段重要关系的早期阶段。理想的情况是，一旦相识的蜜月期结束，他就能在雪莉和他对摄影、古董的兴趣之间保持平衡，并在这两方面都获得满足。

然而，鉴于布莱克越来越努力地控制雪莉、难以接纳她的自主权，他似乎无法达到这种平衡。相反，因为布莱克无法控制雪莉的兴趣和行为，使她依赖自己，所以对她越来越不满意。如果雪莉变得越来越具依赖性，对于布莱克来说，她就会开始减少那些最初吸引他的特质，而他也会对她感到厌倦。或者，如果她努力保持一些独立，他就会把这当作她并不深爱他的信号。无论哪种方式，他都只能开始寻找下一个伴侣。

布莱克表现出一种焦虑型依恋模式，为了建立亲密的关系，他准备牺牲自己的自主权。他对雪莉的情绪非常强烈，压倒了与他的兴趣和整体反思能力相关的平静情绪。离开她，他无法放松，即使是在追求多年来对他很重要的事情时也是如此。

　　　　　　　　为什么你总是缺乏安全感

保持自主性的策略

如果你发现自己牺牲了自主性，并强烈专注于关系，那么你很可能属于焦虑型依恋类型。如果你想发展和保持你的自主性，那么，你必须知道你是谁，以及你的哪些个人特征构成了美好生活的关键。

开始记录自我之旅

盘点一下你身上最重要的个人特征是很有帮助的。了解这些独特的、相互交织的特征将帮助你了解到你的自主性从何而来。我建议你拿起笔和纸，花点时间描述一下你特殊的体验和特征。下面的内容将帮助你做到这一点。

回顾过去

- 家庭根源和显著特征。
- 当地社区和学校面临的独特的挑战和机遇。
- 同伴关系和你日常的主要活动，也创造了独特的活动体验。
- 特殊的才能、兴趣、习惯和义务，它们在你的头脑和心灵中占据了多少。
- 从童年到青春期，再到成年的各个阶段，画出你的希望和梦想。

着眼现在

- 工作：意义、所需技能、时间、经济收益。
- 爱：意义、深度、广度、持续性以及它们给你的生活带来的体验。
- 玩乐：空闲时间的优先事项、效益、放松、创造力、积极的附带好处。
- 维持你的生活：照顾身心（好奇心和学习、锻炼和饮食、习惯——无论好坏），从错误中学习，挑战和机遇。
- 大图景：你美好生活的整体。

展望未来

- 你希望10年、20年、30年后的生活是什么样子。
- 实现目标的计划和对计划的信心。
- 你想传递给别人什么，是否特别想传递给谁。
- 你的精神和灵魂伴侣。
- 思考死亡。

如果你想写一本包含这些特征的日记，它将会把你的自传从过去延伸到现在和未来。你会看到你的过去和

为什么你总是缺乏安全感

未来是如何影响现在的；而当你全神贯注于你现在所体验的事情时，当下的你将会使过去和未来保持活力。请放心，你的日记将是独一无二的。你写下的绝对值得自己去重视并全力以赴。

使用日记

回顾你的日记中你是谁的部分，反思某一项特征可能伴随什么样的关系，而不是只写下此关系有何限制。将关系融入你的自主性特征中，可能会使它们更加丰富和复杂。如果你的伴侣也喜欢旅行，那么你对旅行的兴趣可能会增加；即使她不喜欢旅行，只是对倾听你的旅行经历感兴趣，当你回家后分享你的冒险经历时，你也会乐趣倍增。

在开始一段新的关系时，请努力保持你的个人兴趣和有意义的习惯，确保你过去投入的时间没有浪费。这将使你不会过于依赖对方来决定你的喜乐，也会帮助你了解对方是否会支持你的愿望，维持一些兴趣爱好和独处的时间，这些对你来说真的很重要。

如果你重视自主权，你会努力确保它得到足够的关注，以免在新关系开始时就被贬低。你会有信心，这段关系不会因为一些无关紧要的事而受到伤害。

你的自主性，以及在活动中所投入的时间和精力，都不会损害你们发展中的关系，而是会增强它。

当布莱克开始与雪莉交往时，他开始放弃摄影、放弃对古董和电影的兴趣，雪莉对此感到十分担忧。当他也开始敦促她放弃自己的独立兴趣以及与家人和朋友在没有他陪伴的情况下度过的时光时，她的担忧与日俱增。**他的独特之处、他自主的兴趣和活动，正是吸引她的核心。当他开始为她把这些东西放在一边时，他能提供给这段关系的东西就越来越少了。**他不想在这段关系中贡献自己的自主感，而是想把它放在一边，为这段关系而活。雪莉知道自己不可能是布莱克幸福的源泉，她也不想。她想和他分享她的独特之处，也想让他和自己分享他的独特之处。她不想抛开他们两人的这些特征，去住在一个只看重他们关系的温室里。

虽然在关系的初期多花点时间和新朋友或潜在伴侣在一起是可以理解的，甚至是可取的，但把所有事情都放在一边、只关注关系本身是不明智的。这样做一开始是很有诱惑力的，因为不知道这段关系是否会加深、是否会持久，所以会产生不安全感。但不安全感也激发了一种前进的推动力——通过花额外的时间在一起，尽可能多地分享和一起做事情来消除不确定性，以发现这个人是否适合你。然而，这样收获到的信息并不像你想的那么可靠。关系发展需要时间，它们会设定自己的节

为什么你总是缺乏安全感

奏，它们需要时间小火慢炖，好让你一次一个地加入各种调料。

在你们彼此做出承诺之后，抛开你自主的兴趣和偏好会扭曲你对未来的看法。一旦你确定对方就是你的真命天子，而对方也同意你的观点并对你感到满意，那么你们可能就会遇到相反的问题——认为对方是理所当然的。

把对方及其兴趣、价值观、个性和梦想这些构成他自主感的东西，以一种适应你的自主感的方式带到你身边，很可能会为彼此的生命增添色彩，而不会削弱你俩生命的核心。

将关系融入生命

当你追求关系时，保持自主性是明智的；同样重要的是，在你保持自主性的同时，要在生活中为关系的发展留出空间。如果你觉得自己是一个想要、有能力，并致力于在一生中参与健康人际关系的人，那么关系就不会对你的自主感造成妨碍。当你的自主性包含了发展连贯的生活故事、反思和情绪能力、优秀的沟通技能，以及建立和修复互惠关系的能力时，健康的人际关系很可能会蓬勃发展。如果你认为，回避人际关系中的取舍和情感中的不确定性（如果你倾向于抗拒型依恋模式），生活将会更容易，那么请记住，更容易并不意味着更充实和更有意义。把关系融入你的自主性中，会给你的生命带来更充沛的活力和更远大目标。

。⋯⋯ 案　例 ⋯⋯。

　　特里斯塔在学校里成绩一直很好，大学毕业时成绩在班上名列前茅。她大学毕业后的第一份工作是在芝加哥的一家大公司任职。毫无意外，她工作表现出色。不到 6 个月，她就被告知确定留用。2 年内，她在自己的部门获得了重大晋升，并在 7 年内成为部门主管。快30 岁时，她不仅非常享受自己的事业，而且觉得前途光明。

　　特里斯塔的精力并不局限于她的事业，她的身体看起来很健康，也确实如此，她的饮食和锻炼方案可能直接来自健康杂志。她的空闲时间非常令人满意。她喜欢旅游、音乐、艺术、滑雪和浮潜。特里斯塔的生活很充实，在友谊和与潜在伴侣的关系中，她可以提供很多东西。

　　　　　　　　　　为什么你总是缺乏安全感

当她 30 岁的时候，特里斯塔意识到她在生活中与那些可交往的男性有过许多愉快的回忆，然而，这些关系通常只持续了几个月，最长的也不过一年多。一般来说，分手都是她提出来的。对于原因，她没有想太多，但在决定结束关系的时候，她的理由似乎总是合理的。

当她遇见安东尼时，她希望这段关系能带来长期的承诺。他似乎具备了她认为伴侣能够吸引她的所有品质——友好、体贴、成功、英俊，还是一名出色的滑雪运动员，有冒险精神。她也觉得，到了她这个年纪，要开始考虑安定下来了。

最初的几个月似乎进展很顺利，他们有很多共同的兴趣爱好，似乎也总有他们都想做的事情。当他们想要不同的东西时，他们擅长达成妥协，而双方似乎都没有抱怨。安东尼比特里斯塔更愿意谈论他们的关系，就像他比特里斯塔更愿意分享生活和成长经历一样。而她则认为谈论过去没有什么意义，个人情感对她来说也很难谈论。当她这样做时，她感到耻辱和脆弱，这是她不喜欢体验的两种感觉。

特里斯塔和安东尼在感情生活方面的不同似乎是他们关系中的第一个主要问题。安东尼会感到失望，因为特里斯塔没有和他分享可能会困扰她工作或家庭的事情。他还感觉到她对他的希望、梦想、担忧和怀疑并不感兴趣，除非他想从她那里得到一个切实可行的建议。他可以依靠她提出的那些切实可行的建议，但在情感支持和陪伴方面，就没什么把握了。

　　一个周末，当安东尼告诉她，他认为他们的关系不会有任何进展、他们应该见见其他人时，特里斯塔感到既受伤又生气。她没有想到会分手，也没有看出他们的关系有什么问题，在她看来，他误导了她，或者要求太多。几周后，特里斯塔觉得没有安东尼她会过得更好。她开始回想一些他太粘人的例子，他似乎太过沉溺于过去或是那些他无能为力的事情了。没有他，她可能过得更好。然后，她也就不怎么想他了，或者至少不会比想起过去已结束的感情还多。取而代之，她计划了未来的假期旅行以及与朋友们的活动。

　　特里斯塔表现出了抗拒型依恋模式。她的独立追求、兴趣和成就对她非常重要。人际关系似乎只是她独立生活方式中的一部分，虽然这帮助她变得更加"全面"，但对她来说也只不过是多了一个可以与她一起分享兴趣和参与活动的人而已。她对情感交流不感兴趣，也不依赖安东尼提供任何情绪支持。相对于生活中情感交流的方面，她更看重伴侣为她提供切实可行的想法或支持，认为与安东尼分享生活中的那些情绪感受没有任何价值。如果他分享了，她会礼貌地倾听，但经常会有一种挥之不去的恐惧，担心他可能会依赖她，这是她无法容忍的。还没等到她察觉到他过于依赖自己（这只是一种担心），他就结束了这段关系，于是她得出结论：他肯定一直都在过度依赖。

布莱克属于焦虑型依恋模式，而特里斯塔则表现出抗拒型依恋模式。对于她来说，与自己独立的兴趣和追求的优先等级相比，关系的重要性还不足以让她在生活中优先考虑。

增加关系在生命中意义的策略

以下是一些可能会对你有用的策略，能增加你即将开始和正在维持的关系的意义。在考虑了这些问题之后，你可以再花点时间看看是否能想出一些适合你的独特特点和情况的其他方法。

描述你的自主性

逃避关系

如果你为了保持自主性而贬低和逃避人际关系，你可能会问自己为什么这样做。以下是我想到的几个问题。你可以拿起纸和笔，一边看一边写下你的答案。

- 过去的关系给你带来的痛苦多于快乐吗？你认为造成这种情况的原因是什么？你是怎么回应的？有没有例外？如果有，你是如何回应的？
- 在你的生活中，你是否经历过失去一些重要的关系？如果是，何时、与谁以及为什么？你的反应如何？你是依靠其他关系来帮助自己渡过难关，还是独自一人舔舐伤口？
- 你是否曾经在尝试进入一段关系之后，却发现自己变得依赖他人，而这种依赖是你无法控制和不想要的？对于自己有这种感觉，你怎么想？
- 你是否经常认为你潜在的朋友或伴侣过于依赖你，导致你感到受困或窒息？
- 你是否更乐于接受具体想法而不是情绪？你是否感到处于关系中会产生更多的情绪？关系是否会使你产生相当大的羞耻感、对失去的恐惧、自我怀疑、绝望和愤怒？
- 在过去，你是否有很多与关系相关的义务，使你难以追求自己的兴趣？
- 在关系中，你总是避免冲突吗？

　　　　　　　　　　为什么你总是缺乏安全感

- 你觉得满足朋友或伴侣的愿望是你的义务吗？你对这些显而易见的义务感到不满吗？
- 你是否发现关系限制了你喜欢的日常活动？

预防逃避

如果你对上述问题的回答让你很好地理解了你为了保持自主性而倾向于回避关系的原因，那么你现在可能会想解决这些问题。希望从本书提供的信息中，你能得到解决问题的各种方法。你过去的关系不会决定你未来的关系。在反思你过去的关系时，你会给那些痛苦的事件，或让你感到窒息、受到限制的关系创造新的意义。这些新的意义会为你未来关系的选择提供思路，从而增强你的自主意识，而不是削弱它。

关注伴侣

养成关注伴侣的兴趣和活动的习惯，试着去体验伴侣的乐趣所在，并尽可能深入地去做。如果你不习惯在别人的生活中投入如此多的注意力，那么你可能不得不有意识地这样做，并时常检视自己成功与否。随着时间的推移，当你养成这个习惯时，你会注意到，你开始不加思索地做这件事，伴侣的体验开始像你自己的体验一样对你有意义。最终，你们在一起生活的意义，就像反映你个人的自主兴趣所蕴含的意义一样重要。

辨识愉快的活动

专注于那些你独自完成，可以为你带来放松、快乐、自豪和意义的事情。反思你和伴侣还可以一起做些什么，来提供放松、快乐、自豪和意义。

培养正念

平衡自主性和人际关系的另一种策略是使用正念的方法。早些时候，我探索了正念的本质及其在反思功能发展中的作用。随着我们对正念的了解越来越多，我们意识到正念练习有益于人类的许多功能领域，包括在自主性和联结之间达成平衡。斯蒂芬·波格斯的多迷走神经理论支持了这个说法，他指出，在社会互动系统中，活跃的神经网络与正念的核心相同[1]。丹·西格尔将正念应用于关系中的自己和他人，这是他所提出的"第七感"的一个方面，而所谓第七感是指对关系的心理觉察能力，通过"我"到"我们"，"使我们能够看见彼此间互相联结的心流，是更大的完整的系统之一"[2]。正念

1　斯蒂芬·波格斯，《多迷走神经理论》（纽约：诺顿出版社，2011）。

2　西格尔，《人际关系与大脑的奥秘》，第58页。

之所以能够促进此平衡，原因如下。

第一，正念改善了反思功能，使你能够更深入地进入你的内心生活，更加意识到你的想法、感觉、价值和愿望。这种意识加强了你的自主感，同时也帮助你意识到如何获得健康的关系。

第二，正念帮助你活在当下，全面地看待生活的所有组成部分的价值，而不会对任何部分给予过分的优先考虑。此外，当人们全身心地投入当下时，关系更有可能蓬勃发展。这种参与使你能够对朋友的表达、意图和愿望保持敏感，同时以协调、互惠的方式回应他。你不会因为漫不经心或一心多用，使朋友误认为他和这段关系对你来说并不重要。

第三，正念有助于你保持健康的依恋关系，无论这种依恋关系涉及人际关系、兴趣、习惯，还是你最喜欢的餐厅。正念并不意味着你缺乏依恋。相反，它意味着你不必执着于你所依恋的东西。在正念中，你不会焦急地纠结于失去一段关系、无法实现一个目标或无法继续某项活动的可能性。**你会感到悲伤，甚至会为失去而悲伤，但你不会因为幻想自己可以控制未来或他人而执着于某人或某事，从而降低你生命的意义。**在健康的人际关系中，正念提醒你，控制对方的思想、感情和行动不会加强人际关系，也不会带来更大的满足感和快乐。

第四，你的情绪、反思和人际生活的丰富程度取决于你的前额叶皮层各区域（组织更复杂、神经回路密度更高）的发育情况。研究表明，以安全型依恋和正念为特征的健康关系会促进你大脑这一区域的生长。因此，你大脑中这一重要区域的发展有两条主要路径，强化一条路径可能会支持另一条路径运行通畅。养成习惯性的正念状态可能会大大改善人际关系的健康程度。

关注未来

正念强调充分活在当下的价值，当然，不时注意遥远的地平线（目光放远）也很有价值。当你想到你未来的生活时，你希望它的核心特征是什么？如果你不太可能获得你想要的一切，你最优先考虑的是什么？与伴侣建立深厚、持久的关系，以及与一个、多个朋友或家人建立类似的有意义的关系，对你来说重要吗？如果是，你是否考虑过如何维护和加强现有的关系以实现这些目标？

当你想到未来时，你可能会思考，当你将关系与你个人（甚至可能是孤单的）追求结合起来时，你需要如何平衡。如果你的职业（在竞争性极强的大学中做科学研究者）或兴趣（攀登世界上 40 座最高峰）让你远离家乡，那么期望你和一位与你的职业或兴趣不相同的伴侣建立深厚关系的现实性有多大？可能会有潜在伴侣对你长时间、几天或几周不在家感到并不在意，但他们的人数可能很少。

你可能不打算攀登无数座山，也没有一个每周需要干 80 小时的繁忙职业，但使用本书中探讨的技能，发展（如果必要）并发挥自主型依恋模式，你会渴望并试图进入充满接纳、满足感和热情的人生——一种拥有既特别又健康的关系的人生。

最后的练习

给自己买一个空白的笔记本，并承诺使用它，按照下面所示的大纲，或其他更适合你独特生活的大纲进行记录。针于每个条目，如实记录当天的情况。

今天的日期（日记的第一篇）

你的自主感

列出三个对你的自主性至关重要的兴趣或活动，然后回答这些问题：

- 该兴趣／活动最令你满意的地方是什么？
- 你坚持了多久，它是如何变得更重要的？
- 你花了多长时间参与其中？
- 它留在你的生活中对你来说有多重要？
- 当你做不到或失败时，你有多失望？

关系

列出你生命中最重要的三个关系，然后详细说明每

为什么你总是缺乏安全感

一个与你们的关系相关的要素：

- 你们一起做了什么？
- 你们花多少时间在一起？
- 你们分享什么，谈论什么？
- 你们最喜欢做什么？
- 你们争论什么或避免谈论什么？
- 你最喜欢这段关系的哪一点？

改变自主性

列出三项你希望在明天的日记中看到的有关自主性的改变。

一般性的改变

列出你希望在下一篇日记中看到的三个一般变化。

在完成第一篇日记后，请在1个月、3个月、1年、2年和5年后分别回答上述问题。

阅读所有日记

回顾你的答案，并将它们与之前的答案进行比较。

请注意，你是否正成功地朝着你的目标前进，在生活中发展和维持着健康的关系。如果改变并不如你所愿，请保持耐心，带着有趣、接纳、好奇和共情来看待自己。如果你在与自己的关系中保持这种态度，那么，则更有能力在与他人的关系中保持类似的态度。

图书在版编目（CIP）数据

为什么你总是缺乏安全感？/（美）丹尼尔·A. 休斯（Daniel A. Hughes）著；克拉拉译. -- 北京：华夏出版社有限公司, 2022.7

书名原文：8 Keys to Building Your Best Relationships

ISBN 978-7-5222-0284-6

Ⅰ.①为… Ⅱ.①丹… ②克… Ⅲ.①安全心理学－通俗读物 Ⅳ.① X911-49

中国版本图书馆 CIP 数据核字（2022）第 023228 号

版权所有，翻印必究。

北京市版权局著作权合同登记号：图字 01-2021-6422 号

为什么你总是缺乏安全感？

作　　者　［美］丹尼尔·A. 休斯
译　　者　克拉拉
责任编辑　赵　楠

出版发行　华夏出版社有限公司
经　　销　新华书店
印　　装　三河市少明印务有限公司
版　　次　2022 年 7 月北京第 1 版　　2022 年 7 月北京第 1 次印刷
开　　本　880×1230　1/32 开
印　　张　8.25
字　　数　135 千字
定　　价　59.00 元

华夏出版社有限公司　网址：www.hxph.com.cn　电话：（010）64663331（转）
地址：北京市东直门外香河园北里 4 号　邮编：100028
若发现本版图书有印装质量问题，请与我社营销中心联系调换。